叱らない子育て

不教养的勇气

"自我启发之父"阿德勒的育儿心理学

[日] 岸见一郎 ◎ 著
朱芬 ◎ 译

机械工业出版社
CHINA MACHINE PRESS

本书以阿德勒心理学的教育原则为基础，揭示了在日常生活中我们应该使用何种话语与孩子交流、应该如何与孩子打交道，才能使他们学会独立。在我们给予孩子的爱过度泛滥的时候，作者认为我们应该秉持不教养的勇气来重新定义亲子关系、接受孩子真实的样子、赋予孩子自我成长的勇气和动力、协助孩子独立解决人生课题。养育孩子的目的在于协助孩子活出自己的人生，要实现这一目的就要尊重孩子，把孩子视为独立的个体，接纳孩子的天生特质，肯定孩子的独特价值，信任孩子能独立解决问题，进而让我们从管教者转变为协助者。

Shikaranai Kosodate
© Ichiro Kishimi / Gakken
First published in Japan 2015 by Gakken Publishing Co., Ltd., Tokyo
Simplified Chinese translation rights arranged with Gakken Plus Co., Ltd.
through Shanghai To-Asia Culture Co., Ltd.

北京市版权局著作权合同登记　图字：01-2021-7547号。

图书在版编目（CIP）数据

不教养的勇气："自我启发之父"阿德勒的育儿心理学／（日）岸见一郎著；朱芬译. — 北京：机械工业出版社，2022.5
ISBN 978-7-111-70695-3

Ⅰ.①不… Ⅱ.①岸… ②朱… Ⅲ.①儿童心理学　Ⅳ.①B844.1

中国版本图书馆CIP数据核字（2022）第076302号

机械工业出版社（北京市百万庄大街22号　邮政编码100037）
策划编辑：坚喜斌　　责任编辑：坚喜斌　刘怡丹
责任校对：肖　琳　刘雅娜　责任印制：李　昂
北京联兴盛业印刷股份有限公司印刷

2022年7月第1版第1次印刷
145mm×210mm·6.5印张·1插页·79千字
标准书号：ISBN 978-7-111-70695-3
定价：55.00元

电话服务　　　　　　　　　网络服务
客服电话：010-88361066　　机　工　官　网：www.cmpbook.com
　　　　　010-88379833　　机　工　官　博：weibo.com/cmp1952
　　　　　010-68326294　　金　书　网：www.golden-book.com
封底无防伪标均为盗版　　　机工教育服务网：www.cmpedu.com

前　言

儿子出生时，我正在大学教授哲学和希腊语。比起现在，我当时的时间相对自由。因此，在那七年半的时间里，儿子以及后来出生的女儿上幼儿园，一直是我接送。当时我接送孩子这件事，对我后来的人生产生了很大的影响。

育儿并非尽是快乐的时光，很多时候是极其辛苦的。和孩子们共同度过的时光，起初真的是事事不尽如人意。如果孩子都能像理想中那般顺从听话，或许育儿就不会变成一件辛苦的事了。到那时，即使父母不用叫他们起床，他们也会清晨自己起床，上学也不迟到；晚上不需要父母的叮咛孩子就能自觉写作业，并能早早上床睡觉。然

不教养的勇气
"自我启发之父"阿德勒的育儿心理学

而,遗憾的是,我们面前的孩子,并不会如此理想、如此顺从。

但即便如此,我还是认为关于育儿这件事,并没有特别需要学习的地方。但是,当我的儿子长到两岁时,我终于感到走投无路了。有一天,我对朋友提及此事,他便向我推荐了阿尔弗雷德·阿德勒的著作。这是我第一次接触阿德勒心理学。阿德勒心理学在当时还是鲜为人知的。阿德勒是和弗洛伊德、荣格同时代活跃的精神病学家,在维也纳开设了世界上第一家儿童咨询所。他在心理咨询方面倾注了大量精力,提出平等对待孩子的育儿观。无论父母多么爱他们的孩子,都不可能仅仅依靠爱就能顺利养育孩子。就像开车这件事,为了取得驾照必须去驾校学习。育儿这件事,也有必要学习一下。很多人认为,只要还记得父母是如何将自己养大的,育儿就不成问题。这种想法就好比,做过阑尾炎手术的人认为自己也能给别人做同样的手术。但是稍微想想,如果是小学以后的事情,那还差不多能

前 言

记得一些；如果是更小时候的事情，我们应该是完全不记得了。因此，我们也不可能知道当时父母是如何养育我们的。

本书只写了我在和孩子的相处中实践过的事情。育儿确实是件辛苦的事，但是只要稍微学习一点"技巧"，就可以使你和孩子的生活焕然一新。如果本书能对正在育儿的各位提供一些参考，我将荣幸至极。

岸见一郎

目 录

前言

第一章　理解孩子的行为

01

我们完全不了解孩子 / 002

问题行为的原因是缺爱？ / 006

靠武力不能真正解决问题 / 010

叛逆期一定存在吗？ / 014

了解孩子行为的目的 / 018

从人际关系的角度考虑 / 022

从愤怒情绪中解放出来 / 026

意识到孩子长大的瞬间（一）
在幼儿园的最后一天 / 030

第二章　不斥责孩子 / 031

02

硬生生"找骂"的孩子 / 032

斥责孩子没有意义 / 036

目 录

丧失自行判断能力的孩子 / 040

变成度量小的孩子 / 044

与孩子关系疏远则无法帮助他们 / 048

不要把孩子逼入绝境 / 052

取代斥责的方法 / 056

自己承担失败的责任 / 060

采取坚决的态度 / 064

意识到孩子长大的瞬间（二）
父母的吵架 / 068

第三章　不表扬孩子 / 069
03

如果不斥责会怎样 / 070

什么是适当的关注 / 074

并非总是惹是生非 / 078

表扬没有意义 / 082

表扬的含义 / 086

父母和孩子是平等的 / 090

关于认可欲求 / 094

意识到孩子长大的瞬间（三）
不知不觉长成了少女 / 098

第四章　鼓励孩子 / 099

04

什么是鼓励 / 100

接受自我、建立关系 / 104

将缺点转换为优点 / 108

能够让孩子获得贡献感的援助 / 112

要有基本的信赖感 / 116

平凡的勇气 / 120

孩子的生活方式 / 124

如何改变生活方式 / 128

培养共同体感觉 / 132

作为基本欲求的归属感 / 136

意识到孩子长大的瞬间（四）
独立思考 / 140

目录

第五章　帮助孩子自立 / 141

中性行为 / 142

课题分离 / 146

育儿的目标是让孩子自立 / 150

成为共同课题 / 154

协作生活 / 158

意识到孩子长大的瞬间（五）
靠说话解决问题 / 162

第六章　跟孩子建立良好的关系 / 163

让我们尊重孩子 / 164

让我们信赖孩子 / 168

为什么需要信赖？ / 172

我们信赖什么 / 176

相信孩子的动机是好的 / 180

与孩子协同工作 / 184

父母和孩子目标一致 / 188

今后的育儿方式 / 192

意识到孩子长大的瞬间（六）
孩子蓬勃的生命力 / 196

结　语 / 197

第一章
理解孩子的行为

我们完全不了解孩子

关于育儿一无所知

三十多岁时,有一段时间,我过着接送两个孩子上幼儿园的生活。当然,我因为同时还必须要工作,所以白天就把孩子放在了幼儿园。**和孩子相处之后,我深刻意识到自己对育儿一无所知。**像冲牛奶、换尿布这种事,即使做起来不是很得心应手,但只要稍微练习一下就能学会。其他的事,我也想着,只要回想一下父母是如何养育我的,应该也总能找到解决办法吧!

即使我知道了换尿布的方法,但当出现其他一些情况时却依然不知道该怎么做了。比如,孩子晚上哭闹,或者孩子在超市想买玩具而哭闹,这个时候我不知道该如何是好。

我阅读了关于如何应对这种情况的书,有些写道"请斥责孩子",有些写道"不能斥责,要表扬"。我还是不知道怎么做才好,就试着斥责孩子,但这并没有让孩子停止哭闹。在寒冷的冬夜,我一手拿着奶瓶,陷入了困境。

儿子从幼儿园消失了!

儿子两岁时的某一天,趁着幼儿园老师不注意,他突然从幼儿园消失了。万幸的是,当时没有酿成大祸,我们很快就在离幼儿园几百米远的地方找到了他,将他保护了起来。但是,当时我根本无法理解孩子"为什么"要离开幼儿园。

阿德勒说,即使是心理学家也很难回答"为什么"这一问题。因为这个问题所寻求的答案不是行为的"原因",而是行为的"目的"。连我们自己有时候做一些事情,当被问道"为什么"而做时,也是无法立刻回答出来的。

即使不是孩子从幼儿园消失这种特殊情况,类似孩子早上不想去幼儿园这种情况,**可以说在很多时候大概连父母也不清楚孩子这么做的原因吧。**

只要你不知道其中的"原因",就总会以一种草率的方式处理问题。

第一章 理解孩子的行为

> **总结**
>
> 孩子"为什么"会做出这些行为,即便是父母也不清楚。
>
> 如果不知道"为什么",就总会以一种草率的方式处理。

问题行为的原因是缺爱?

即使找到缺爱这一原因,也无济于事

很多人把孩子出现问题行为归咎于缺乏亲情,但是,如何才能获得足够的爱呢?即使有可行的方法,是否能使问题行为消失呢?孩子产生问题行为的原因是否真的就是缺爱,这件事情本身也并非不言自明的。

不存在缺乏爱意的父母

事实上,并非夸大其词,可以说当今世界不存在缺爱的孩子。从父母的角度来说,是爱得过多,过度疼爱孩子。

第一章
理解孩子的行为

而从孩子的角度而言可以说绝大部分情况是，孩子明明被疼爱着，却仍不满足，想试图获得更多的爱。

我的孩子不听幼儿园老师的话，幼儿园老师就会将问题的原因归咎于缺乏亲情。当我问老师"该怎么做"时，得到的回答是"给孩子一个拥抱"。老师问我："你回家以后有没有抱抱孩子啊？"我想着拥抱就能改善孩子的问题行为那最简单不过了，于是回答老师："我这样做了。"但是，令我惊讶的是，老师又对我说："不是妈妈可不行。"

我接送孩子们上幼儿园的那会儿，跟现在不同，当时在幼儿园还很少看到父亲的身影，因此我有时会被人投以异样的目光。我觉得，不能因为感觉把孩子送到幼儿园的父母平时跟孩子接触太少，就说这些孩子缺乏父母的爱。更何况，如果把孩子问题行为的原因归咎于母亲白天工作没有足够的时间和孩子相处这一点上，那么那些由于一些状况必须由父亲养育孩子的家庭中，岂不是每个孩子都会出现问题？

当孩子再长大一些,在遇到孩子不肯上学的情况时,即使我们把问题的原因归咎于婴儿时期的母子关系,并说这是因为孩子缺乏跟母亲之间的肢体接触导致的,然而,除非时光可以倒转,否则就无法彻底根除症结。这岂不意味着这种情况日后也不会有所好转吗?

前来向我咨询孩子问题的父母,搬出过往的事情是没有意义的。**关键在于今后应该怎么做,即使育儿时受到了挫折,我们也要明白,我们只不过是不知道育儿方法的父母,并不是糟糕的父母。**

第一章
理解孩子的行为

总结

问题行为的原因，不是缺爱。

对于陷入育儿苦恼的父母，搬出过往的事情没有任何意义。关键在于，今后应该怎么做。

靠武力不能真正解决问题

武力无论何时都行不通

有人认为缺爱是导致孩子问题行为的原因,提议通过拥抱孩子解决问题,但也有人认为靠武力就能解决问题。

我的孩子上幼儿园那会儿,班里有很多孩子会迟到,幼儿园的老师有时就会跟家长说:"又不是中学生,这么小的孩子,我们可以用蛮力把他们拉过来的。孩子迟到是父母的责任。"但是,因为我是骑自行车接送孩子的,要是孩子身体抗拒不愿意上车我也没办法。即便是小孩子,我们也不能用武力来解决他们的问题。

第一章
理解孩子的行为

如果是初中生或高中生,那就更不能靠武力来解决他们的问题了。我想,对于这个年龄段的孩子,很少有父母会动手打他们了,但还是有很多父母试图通过斥责把孩子引导成自己理想的样子。

然而,相信有很多人都明白,这种方法是不奏效的。**如果除了武力就不知道该如何是好,那么问题还是会一直循环往复地发生。**

为了防止孩子反击

孩子们一天天长大,总有一天,他们会发现自己比父母更强大了。当这种情况发生时,孩子就有可能对父母做出父母曾对他们做过的事情。

只要父母还是认为育儿过程中有必要斥责,哪怕只是一点点斥责,那么虐待就不会从世上消失。当然,有人会说斥责和虐待孩子是不同的,但是斥责与殴打也好,虐待也罢，在本质上都是一样的，只是形式与程度上的区别罢了。

我希望父母能学会不管用什么方法都不要用武力去压制孩子。否则，孩子还小，在被父母压倒性的力量所压制时，只会感到恐怖，不会做些什么。一旦等到孩子发现父母比自己弱时，就会发起反击，即使不会当面反击，也可能会做出一些事情，一些与其说是惹父母生气，不如说是会让他们心里感到不舒服的事情。有些孩子曾说，他们被父母殴打时，心里想的是"这个仇我可记下了"。这样一来，亲子关系就很难修复了。

父母不单单要理解孩子的行为，还必须充分理解使用武力压制孩子究竟意味着什么。

第一章
理解孩子的行为

总结

　　试图用武力解决问题，问题只会循环往复。

　　为了防止孩子长大以后反击，父母必须理解，对孩子使用武力压制究竟意味着什么。

叛逆期一定存在吗？

怎么等也等不到叛逆期结束

人们常说"这个孩子正处于叛逆期"，但事实并非如此。我曾经在小学听到几位母亲的如下对话。"哎，我家孩子怎么都不听父母的话。""哎呀，我们家也一样。不过，再过一年，叛逆期结束了就好了吧……"

我不明白他们有什么根据就说"再过一年"。遗憾的是，并非到了某一年龄阶段叛逆期就会结束。

如果所谓的叛逆期确实如上述所言，那么父母应该什么都不用做，只需等待暴风雨过去即可。但事实上，有的

第一章
理解孩子的行为

孩子会一直反抗父母。

孩子之所以反抗父母,是因为父母总是居高临下,试图责备、命令、掌控孩子。即使是一开始顺从父母的孩子,久而久之也会反抗父母无理的压制,这是必然的。

只存在让孩子反抗的父母

如果大人不对孩子进行无理的压制,孩子也就不必反抗了。**其实,并不存在所谓的叛逆期,只存在让孩子反抗的父母。**只要孩子不采取反抗的态度,叛逆期就不会存在。

也有的父母会担心自己的孩子没有叛逆期,但正是因为这些父母对待孩子的方式压根就不会让孩子产生反抗,孩子才没有所谓的叛逆期,因此完全没必要为此担心。

不过,有时候父母对待孩子的方式,孩子本来理应反抗的,但是却照单全收顺从了父母,如果出现这种情况,可以说也是个问题。的确，反抗是没必要的，但是，**我还是希望孩子学会用语言明确地表达他们不希望父母做的事情。**这件事本来应该是父母有必要先学会的，但遗憾的是，正如前文所述，当孩子出现问题时，父母往往试图靠武力压制，于是，孩子便也做出同样的事情反抗父母，这也是没办法的。

可见，之所以有些孩子没有叛逆期，是因为父母采用了合理的对待孩子的方式。就算孩子小时候没有叛逆期这件事本身是有问题的，但它对于当下改善与孩子的关系这件事却没有任何影响。

第一章
理解孩子的行为

> **总结**
>
> 虽然孩子反抗父母是因为父母对待自己的方式引起的,但是孩子仍然应该学会用语言明确地表达希望父母做的事情而不是以牙还牙地反抗。

妈妈,我不喜欢的是……

了解孩子行为的目的

搞清楚"为什么"会发生问题行为

很多父母都明白,斥责孩子并不能改善他们的行为。但是即便知道这个道理,他们也不知道除了斥责还有什么方法。要想知道该如何处理,就有必要理解孩子"为什么"会产生问题行为。当父母问孩子"为什么做出这样的事情"时,孩子回答不出来,父母也无法回答。

事实上,其目的是为了"引起注意"。与其被忽视,孩子宁愿被斥责从而得到父母的关注。

因此,如果父母斥责孩子,孩子仍不改正的话,**那正是**

第一章
理解孩子的行为

因为斥责才导致问题行为的持续,而不是因为斥责的手段不管用而导致的。

孩子知道会挨骂

如上所述,孩子为了得到父母的关注,所以硬生生地"找骂",孩子不可能不知道自己的行为会受到父母的斥责。

但这些孩子并不是从一开始就有问题行为的。比如,孩子回到家说了句:"我回来了",但压根没人注意到,这时,孩子就有可能会大声喊叫,希望以某种方式让家人注意到自己回家了。

孩子出现问题行为的原因也是差不多的。起初,所有孩子都试图表现得很好,以期获得父母的表扬。**然而,父母经常忽略孩子的恰当行为。于是,孩子开始出现一些问题行为,以此吸引父母的目光。**

即使没有达到问题行为的程度，孩子也可能会在父母最烦躁的时刻做一些最令父母感到恼火的事情。如果孩子做了一些让父母感到烦躁或者很生气的事情，父母就会斥责孩子。这样一来，**孩子就成功引起了父母的注意。这正是孩子的行为的目的。**

当然，孩子也不想被斥责，但比起被忽视，他们还是宁愿被斥责。因此，问题行为会渐渐升级。

如果父母知道这种行为的目的，就能明白该如何应对孩子的行为。我们将在后面的章节中学习如何处理这一问题。

第一章
理解孩子的行为

> **总结**
>
> 孩子做出问题行为是为了吸引父母的目光。
>
> 如果父母了解行为的目的就知道该怎么应对了。

从人际关系的角度考虑

孩子的言行所指向的"对象"是谁?

人不能独自生活,而必须生活在他人"中间"。有他人的存在,我们才能成为"人"。

无论是孩子还是我们自己,在不同人的面前,我们的性情与言行会发生微妙或明显的变化。在外怯懦,在家称雄,这叫作"窝里横"。我们之所以对待内外的态度不一样,是因为交际的对象不同。

在孩子的言行中,一定存在所指向的"对象"。其对象通常是父母,孩子试图以某种手段获得父母的回应。

第一章
理解孩子的行为

有段时间,我的儿子突然不听幼儿园老师的话了。幼儿园老师一说话他就把脸转向墙壁。这时,将问题归咎于孩子的性格、家庭环境或者父母与孩子的交往方式等,都是没有意义的。

这是因为,孩子不听话是在幼儿园发生的事情,行为指向的"对象"不是父母,而是幼儿园的老师。这样思考,才能够正确地理解孩子的行为,并采取适当的处理方式。

从对象的感受中了解行为目的

不是不可以向孩子本人询问行为的目的,而是因为行为的目的往往是无意识的。所以,即使你问他们"为什么这么做",他们也往往无法回答。

如果是年龄还很小的幼儿,那就更不能问了。

我们可以不直接问孩子,**可以通过孩子的行为对象的感**

受来了解孩子的行为目的。当幼儿园老师因为我的孩子不听话来找我时,我询问了她当时的感受,她回答说:"很烦躁。"从幼儿园老师的回答中,可以看出孩子的行为目的是为了引起注意。在孩子为了引起注意而做出一些行为时,如果不采取适当的处理方式,他们就会开始做那些平时父母忍不住要斥责他们的举动。如果真的引起了对方生气,就表明其行为目的达到了。

我与幼儿园老师交流的那天晚上,我问儿子他跟老师到底是怎么回事。对于自己的行为和幼儿园老师的反应,我儿子只说了一句话:"那都是因为老师没有好好地看着我呀。"

第一章　理解孩子的行为

> **总结**
>
> 　　在孩子的问题行为中一定有一个行为指向的"对象"。
>
> 　　如果知道对象的感受就能了解孩子的行为目的，因此就能采取适当的处理方式。

从愤怒情绪中解放出来

不要突然火冒三丈

我们斥责孩子的时候难免会情绪化。即使是平时很冷静的父母,看到孩子做出一些离谱的事情,通常也会火冒三丈斥责孩子。

针对这种情况,常见的解释是,父母是被孩子的行为惹恼才大声呵斥的。对于那些认为自己平时不会以这种情绪化的方式斥责孩子的人来说,这样解释他们比较容易接受——实在是在气头上,所以才骂了孩子。

然而,阿德勒心理学认为,**愤怒之类的情绪并不是不可**

第一章
理解孩子的行为

控制的。使用愤怒这种情绪是有目的的,这个目的就是想让孩子听父母的话。的确,一斥责孩子,孩子也就不得不听父母的话了。

另外,孩子也知道,如果他们在父母斥责时哭泣,父母就无法再责骂他们了。这种时候,比较合理的理解是,孩子哭泣是为了告诉父母"不要再责备我了",而不是因为被斥责了而流泪。

孩子在身边有很多人的公共场合大声哭叫,也是同样的道理。孩子大哭大闹让父母买玩具或零食,这时大多数父母面对孩子的要求都会妥协。

如果知道正确的方法就能从愤怒的情绪中解放出来

以愤怒为例,如果你希望你的孩子做某事或不做某事,可以不必利用愤怒的情绪,孩子也就不必生气或哭泣了。

具体应该怎么做,我们将在接下来的章节中介绍。不是说让大家下定决心不再生气,而是希望大家能够了解愤怒的情绪的目的,了解比起利用愤怒的情绪还是应该采取一种更容易达成目的的方法。一旦意识到这一点,大家跟孩子打交道时就不会再像以前那样动不动就使用愤怒的情绪了。一旦你目睹孩子开开心心地同意了父母说的话,纠正了问题行为,也就没必要再使用愤怒的情绪了,毕竟那么做不但很难有什么效果,而且极容易发展为消耗精力的争吵。

第一章 理解孩子的行为

> **总结** 愤怒之类的情绪并非无法控制,它是为了让孩子听话才制造出来的情绪。

意识到孩子长大的瞬间（一）

在幼儿园的最后一天

从今往后，恐怕再也不会有比这七年半更快乐的时光了吧。

我至今仍然记得最后一天接送孩子上幼儿园的情景。那天早上，从幼儿园回家的路上，我突然觉得后座空空如也的自行车比平日更加轻快了。一想到今天将是我最后一次接送孩子，甚至觉得"从今往后，恐怕再也不会有比这七年半更快乐的时光了吧"。

第二章

不斥责孩子

硬生生"找骂"的孩子

孩子起初并不想因做错事而挨骂

正如第一章所述,孩子并不是从一开始就想做被父母责骂的事。相反,他们一开始会做能得到父母的表扬的事。如果父母没有关注他们做的这些事,他们才会做出一些令父母生气的事。然而,即便如此,这个时候他们往往会在父母太过恼火而真的打算责骂他们之前迅速退缩,搞得父母也是哭笑不得。

有的孩子是家中的第一个孩子,当弟弟或妹妹出生后,大人会告诉他(她):"从今天开始,你就是哥哥(姐姐)

了,所以自己能做的事情要自己做哦。"

于是,尽管在此之前,孩子还不能离开父母单独睡觉,但从现在开始,也要试着鼓起勇气说:"我要自己一个人睡觉了",并试着自己一个人上厕所。甚至有时候,还要代替忙于家务的父母照顾弟弟或妹妹。

然而,他们并不总是能够让父母满意,如果他们做了一些让弟弟或妹妹哭泣的事情,父母训斥了他们,他们就会立刻改变方针。**他们甚至会开始所谓的回归婴儿状态,变得比以前更让父母厌烦。**

为了得到关注而硬生生"找骂"

问题在于,孩子总是需要父母或其他人来关注他们正在做的事情,否则就无法释怀。家中还没有弟弟或妹妹的时候,第一个孩子能够独享父母的关爱、关注和关心。但是,一旦弟弟或妹妹出生,即便父母保证会像以前一样重视第一个孩子，但实际上，他们总是会更多地去照顾弟弟或妹妹了。因此，第一个孩子会觉得自己从"王座"上跌落了下来，就会想方设法重新夺回位置。稍后，我们将讨论孩子总是渴望得到关注到底有什么问题。不仅仅是第一个孩子，所有的孩子都想一直受到父母的关注，但是父母没法做到时时刻刻关注孩子。

于是，**孩子会想，宁愿"找骂"也要得到关注**。如果父母就此关注了这些孩子的行为，那么，无论是以什么形式关注的，孩子都成功获取了父母的关注。虽说如此，但如果父母仍不关注孩子，孩子就会为了获得关注做一些让父母再也无法忽视的行为，他们就是这样惹怒父母的。

而且，因为他们很清楚自己的所作所为会引起父母的斥责，所以无论父母如何严厉斥责，他们都不会停止问题行为。然而，并非孩子屡教不改，其实恰恰是因为父母的斥责，孩子才不改的。**孩子不停止问题行为正是因为一直在受父母的斥责，而不是因为斥责不管用。**

第二章
不斥责孩子

总结

孩子为了得到父母的关注而硬生生"找骂"。无论父母如何严厉斥责,孩子都不会停止问题行为。

毋宁说,正是因为斥责,才导致问题行为的持续。

斥责孩子没有意义

虽然斥责立即见效,但问题行为仍然存续

当孩子不听大人的话时,父母就会斥责孩子。孩子被大声呵斥,会因为害怕父母从而停止问题行为。从这个意义上来说,斥责确实可以产生立竿见影的效果。

但是,**斥责并不像父母想象的那样有效。因为很多情况下,父母骂完孩子之后,同样的问题仍会循环往复地发生。**如果斥责是有效的,那么父母斥责孩子一次后,问题行为理应不会再度发生了。

但如果不管如何严厉斥责,同样的问题仍反复发生,

第二章　不斥责孩子

那么我们可以得出一个结论：更严厉的斥责也无法阻止问题行为，斥责不是阻止孩子问题行为的有效方式，这个方式有改进的余地。

尽管如此，父母还是不能停止斥责孩子，因为他们不愿放弃希望，他们相信：只要再多斥责两句，孩子就能改正了。例如，早上能早起了，开始学习了。

仍想"找骂"的孩子

如果是非常年幼的孩子，他们可能不知道自己做的事会招致父母的斥责，但正如前文所述，只要年龄稍大一点，孩子理应是知道做哪些事情会被挨骂的。在知道的情况下，孩子还是会硬生生地"找骂"。

之所以会这样，是因为孩子总觉得不做点挨骂的事情无法引起父母的注意。

的确孩子即便做了合理的事情，父母也只会认为那是理所当然的，不会给予特别关注。

即使孩子所做的事是合理的，但只要不是父母所认为的好事，父母也不会予以关注。有一个小学生，放学回家就照顾卧床不起的祖母。我向孩子母亲提及此事时，她用冷淡的口吻回答道："可是这孩子不学习啊。"这个孩子并非为了得到父母的表扬，只是单纯地想放学后代替白天工作的父母照顾一下祖母。但是，如果他是为了得到表扬才一直照顾祖母，那么在父母不给予关注时，也许就会做出一些令父母感到苦恼的事情吧。

如果孩子做了合理的行为也得不到父母的关注，那么就会在父母最烦躁的时候做一些令父母恼火的事情。如果这时父母斥责了这些孩子，那么这个孩子只会越发重复问题行为，父母也会越发斥责孩子。

第二章
不斥责孩子

> **总结**
>
> 由于父母认为孩子即使做了合理的行为也是理所当然的,所以不会给予关注。
>
> 有时候孩子为了得到父母的关注,就会做出问题行为。

丧失自行判断能力的孩子

观察大人的脸色

孩子被大人斥责时，会观察大人的脸色。比如，在可怕的老师面前，孩子们挺直腰板一动不动地听老师说话，不敢窃窃私语。

然而有一天，那位老师有事请假了。另一位代课老师走进了教室。这位老师没有大声斥责学生。于是，这位老师站在讲台上课时，学生们就不老实听课了，班级秩序变得一团糟。

出现这种情况，不是因为这位老师缺少作为老师的威

第二章
不斥责孩子

严，而是因为这些学生平时接触的是用权力压制他们的老师，当他们发现"这位老师不骂我们"时，就会"瞧不起"这位不斥责的大人。我不希望孩子变成一个观察大人脸色而转换态度的人。

在斥责声中长大的孩子，只会考虑是否会被斥责，所以他们认为只要不被斥责，就可以为所欲为。**久而久之，这些孩子可能会变得无法自行判断自己的行为是否恰当。**

变得只为自己着想

一旦孩子变得只关心自己是否会被斥责，他们就会变得害怕被斥责，只在意他人的看法。

电车上，有时孩子会纠结该不该给面前的高龄老人让座。如果那位老人说："我还没到需要你让座的年纪"，那又该怎么办呢？这样思考着，时间一分一秒地过去了，也错过了让座的时机。即便可能会因为提出让座而恼怒了对方,也要判断这种情况下自己应该怎么做,这一点很重要。

孩子在父母的斥责声中长大,就会变得很消极。这样一来,就不会积极主动地尝试做事情。即使是自己不愿意做的事情也会去迎合别人;即使别人做错了事也不会指出来。有些大人,他们干的不正当行为本以为可以瞒天过海,但却被揭露了,于是召开道歉会、低头认错,那样子看着很不体面。这些大人看起来就像那些害怕被父母斥责,试图隐藏自己的错误以避免承担责任的孩子。我不希望我们的孩子成为这样的大人。

第二章
不斥责孩子

总结

在斥责声中长大的孩子,会变得害怕被斥责,变得很消极,并且无法自行判断自己的行为是否恰当。

变成度量小的孩子

即便成为好孩子

如果父母严厉斥责孩子,孩子也有可能不再做那些会被斥责的事情。因此,他们有可能会成为"好孩子"。但是,他们从此很难在遭遇失败的时候不畏惧失败并根据自己的判断坚信自己是正确的。

先让花朵尽情绽放吧

我认为培养一个模式化的孩子不是件好事。我们可以打破常规,也就是,**先让花朵尽情绽放**,之后如有必要,再

第二章 不斥责孩子

除去花中的杂草。

我不认为每个人身上都有必须要除去的所谓杂草一样的东西。每个人都有很多棱角。如果要磨平这些尖锐的部分,原本气度不凡的孩子就会变成一个度量很小的孩子,也无法成为出色的人。这些尖锐的部分即棱角,在父母看来是孩子的缺点,甚至孩子自己可能也是这么想的,但我们不知道这是否真的是缺点。

在斥责声中长大的孩子会变得很消极,认为按照自己的想法什么都做不成。因此,在行为方面,比起教这种消极的孩子如何变得积极,恐怕还是教积极的孩子稍微控制一下行为更为容易吧。**改变干劲的朝向很容易,但教一个原本就没有干劲的孩子产生干劲就难多了。**

被批评就会变得消极

即使不是有意斥责孩子,**当父母指出孩子的不足之处或**

错误时，也会让孩子产生被批评的感觉。 作为父母，大概总想引导缺乏知识和经验的孩子吧！每当这个时候，父母不会冷静地告诉孩子他们不知道的事情，反而会用充满怒气的口吻来说教。这样一来，孩子会感觉到自己被批评了，就会认为父母不理解自己，或者觉得既然被批评了，那索性什么都不做了。就像被斥责的孩子一样，被批评的孩子也会变得消极。例如，孩子帮忙做家务，可能反而会制造麻烦，有父母看不惯的地方，父母就有可能会忍不住批评孩子。**但是，比起那些消极地避免失败的孩子，那些经历过失败的孩子才能学到更多的东西。**

第二章
不斥责孩子

> **总结**
>
> 重视孩子的积极性，先让花朵尽情绽放吧！
>
> 比起消极的孩子，积极行动后失败的孩子能学到更多的东西。

与孩子关系疏远则无法帮助他们

愤怒疏远了人与人之间的关系

孩子不会喜欢斥责自己的人。做父母的应该也还记得小时候身边那些令自己感到害怕的人吧。长大以后,应该也见过有人在职场上训斥犯错误的下属吧。

当我们被斥责时,还能喜欢斥责自己的人吗?我想恐怕大部分人都没办法再喜欢斥责自己的人了。这给人的感觉就像从望远镜的反面看事物一般,本该离你很近的人看起来却很远。

第二章
不斥责孩子

斥责会使人际关系变得疏远。阿德勒说，愤怒是离间人与人关系的感情。如果关系疏远，就无法援助孩子。父母斥责孩子，导致和孩子的关系变得疏远之后又想要援助孩子。这是不可能的。孩子一定会听从那些与他们亲近的人说的话，**但是关系疏远的人即使说再多正确的话，孩子也听不进去。**为了援助孩子，必须拉近和孩子的关系，然而斥责只会拉远关系，因此无法达成该目的。

没有平等看待孩子

很显然，斥责孩子的父母将孩子视作低于自己的存在。如果父母将自己和孩子放在一个平等的关系中，他们便不会斥责孩子。我们将在之后的章节中讨论什么是平等的关系。**正因为大人没有平等看待孩子，才会说出训斥、侮辱性的话语。**如果双方都是大人，即使你有希望对方改进的问题，也不会不分缘由地对其加以斥责吧。

我曾经听一位后来晋升为横纲①的相扑运动员在成为大关②时接受采访称:"我之所以能有今天,多亏了用竹剑鞭策我的教练。"这位运动员并不是因为受到竹剑的鞭策才提升了能力。我想若是没有被人用竹剑敲打,难道不是应该能够更快地提升能力吗?指导者大可不必训斥,只要言辞清晰地指出需要改进的部分,任何人都可以取得进步。受到训斥的人会泄气,变得只注重结果,无论是体育还是学习,就没法享受其中的乐趣了。

---

① 横纲是日本相扑运动员(日本称为力士)资格的最高级,相扑力士按运动成绩分为10级:序之口、序二段、三段、幕下、十两、前头、小结、关胁、大关及横纲。——译者注
② 大关是一种相扑等级,大关等级的选手连续两场优胜可获得横纲荣誉。——译者注

第二章
不斥责孩子

> **总结**
>
> 孩子不会喜欢斥责自己的人。斥责会疏远和孩子的关系,因此即使说正确的话,孩子也不会听,这样就无法援助孩子了。

不要把孩子逼入绝境

受到斥责的孩子会进退两难

父母斥责孩子,始终认为自己是对的而孩子是错的。虽然父母是因为斥责孩子才会和他们吵架的,但是,正如前文所述,因为孩子清楚地知道自己的所作所为会受父母斥责,所以如果听从父母的话,就等于承认父母是对的,也意味着在与父母的争吵中败下阵来。

因此,**如果把孩子逼入绝境,那么无论发生什么孩子都不会承认自己有错,也不会改善自己的行为。**

为了防止这种情况出现,我们需要给孩子留点空间,让孩子有个台阶可以自己下，让孩子意识到自己的错误并试图改正时就不会觉得自己输给了父母。

输给父母后会寻求报复

如果孩子公开反抗斥责他们的父母，那还算好。因为如果孩子怨恨来自父母的斥责，那么当他们自己成为父母时，就不会做父母曾对他们做过的事情了。

诚然，吵架时输给了孩子父母也会感到困扰。但如果父母赢了孩子，孩子就不再出现在父母面前，而是暗地里做一些与其说是惹父母生气，不如说是会让他们心里感到不舒服的事。因为孩子试图对父母进行报复。

这样一来，就需要与双方无利害关系的第三方介入了，否则亲子关系很难得到改善。父母很难摆脱自己是正确的这一想法。可以说，父母应该采取的明智举措是：即便是自己认输，也要改善亲子关系。

孩子不会因为被斥责而丧失自信心

孩子一旦被斥责,就会因此丧失自尊和自信。父母可能认为,斥责孩子能让他们发愤图强,比如能够好好学习,但事实上孩子只会愈发不想学习。

这里存在一个问题。事实上,孩子由于被父母斥责而失去自信,最终导致萎靡不振、无所事事——这种说法并不正确。孩子面对学习这一难题跨不过去,栽了跟头,可能就不会再想学习了。这并不是因为他们丧失了自信心,而是因为他们把被父母斥责这件事作为逃避难题的借口。因此,父母应避免在孩子的挑衅下斥责孩子。

总结 不要将孩子逼入绝境,给他们留一个台阶下。因为被斥责的孩子会以此作为理由,逃避自己的难题。

取代斥责的方法

不知道用什么方法取代斥责

如果对孩子来说父母是一个可怕的存在,那么他们会停止那些为了获取父母的关注而进行的明知故犯的行为。即使知道自己正在做的事情会受到斥责,即使是被斥责后才意识到自己的行为是不好的,但有时仅仅是被斥责,还不足以让他们知道什么是恰当的行为。如果不清楚这一点,孩子将无法改善他们的行为。

父母带着孩子一起去见朋友时,如果孩子害羞地把脸背过去或是扭扭捏捏地打招呼说:"啊,不好意思",之后父母可能会训斥他们:"怎么就不能好好打招呼啊。"但是,即使这样斥责了孩子,如果不告诉他们该怎么做,比如打招呼时该说些什么,还是会反复发生同样的事情。

教孩子学会请求

假如孩子知道可以使用不那么情绪化的方式告诉父母他们的欲求,那么孩子的行为一定会发生改变。

从幼儿园回家的路上,我和孩子一起去超市买东西,孩子有时会在卖玩具或糖果的柜台前哭闹。这时,我对孩子说:"不用哭成这样,用语言告诉我你想要什么,好吗?"于是,孩子停止了哭泣,并说道:"如果你能给我买这个零食,我就会很开心。"

听到这话后我高兴地给他买了。父母不是讨厌孩子的要求,而是不喜欢他们要求的方式。因此,教会孩子如何正确地请求即可。

我听儿子的幼儿园老师说过这样一件事。在儿子三岁的时候,有一天班上一个同学对老师说:"抹布!"儿子制止他说:"光说一个'抹布'老师哪里懂啊,你应该说'如果能帮我拿一下抹布,我会很高兴。'"

学会请求的诀窍是使用一个疑问句或者假设句,这样就能给对方留下拒绝的余地,比如"你能为我……吗?"或"如果你能为我……那真是帮了大忙了(我会很高兴)"。再如,命令式的"做一下……"自不必说,甚至"请您……"这种句式,也让人没有拒绝的余地。如此一来,那些不会说拒绝的话的人就会情绪化地反抗。**父母让孩子做事也应该请求孩子。因为孩子和父母是平等的,不能命令对方。**关于这一点,我们之后还将提到。

第二章 不斥责孩子

总结

若想改变孩子的行为，父母必须告诉他们该怎么做，而不是斥责他们。

父母若想告诉孩子希望他们做些什么事情，不应该命令他们。要给孩子留下说"不"的余地，可以说"如果你愿意……我会很高兴"。

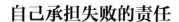

自己承担失败的责任

恢复到事情的原始状态

儿子两岁时,把牛奶倒进杯子里,边走边喝。因为才两岁,脚步仍然不稳,所以很容易猜到接下来会发生什么。但我没有斥责他。因为当时还没发生什么。我就在一旁安静地看着,果然他把牛奶打翻了。那么,我该如何处理这种情况呢?

谈到这个问题时,许多家长的答案是把洒出来的牛奶擦掉。谁来做?父母。

但是,**如果孩子打翻的牛奶由父母来擦干净,那么孩子**

能学到什么呢？孩子学到的恐怕是，无论自己做了什么，父母都会负责善后。

我问了孩子："你知道该怎么做吗？"我正想着他要是回答不知道，我就教他怎么做，孩子却说："用抹布擦干净。""好，那就擦吧。"打翻牛奶并不是出于恶意，而是一个失误。孩子也想不到这样会打翻牛奶吧。**如果当时斥责了孩子，孩子只会变得泄气，也就学不到解决问题的方式了。**

为了不再犯同样的错误

不过，我们不希望同样的错误一而再再而三地发生。当时我问孩子："你认为今后该怎么做才能喝牛奶时不把牛奶洒出来呢？"

我想着如果他说不知道，我就告诉他。但是，他想了一会儿回答道："以后我坐着喝。"回答正确。

我让孩子回顾了一下整个过程，在其间我一次都没有斥责过他，因为他并非出于恶意。如果孩子犯错后能学会该怎么做，那么就没必要斥责了。**尽可能恢复到事情的原始自然状态，并讨论今后如何避免犯同样的错误。**

道歉

我们有时候会就某件事情需要道歉。比如，孩子和兄弟姐妹发生争执并伤害了对方，像这种场合就需要道歉。这时，给对方造成伤害的孩子有必要道歉。

在这种情况下，所谓尽可能恢复到原始自然状态指的是，如果伤势较轻，那就让孩子给对方治疗伤口。如果是小孩子处理不了的重伤，就得让孩子陪着对方一起去医院，治疗时握住对方的手鼓励对方。

第二章 不斥责孩子

> **总结**
>
> 不是出于恶意而犯的错误,不要斥责。
>
> 尽可能让事情恢复到原始自然状态,为了防止同样的错误再次发生,应进行一次谈话。
>
> 根据错误的性质,有时也需要道歉。

采取坚决的态度

威慑的态度

在育儿方面,完全没必要斥责孩子。但是,有些时候我们不能对孩子做的事置之不顾。比如,在电车上大声喊叫,给别人添麻烦时就必须阻止他,让他不要做这种事。在这种情况下,可以对孩子采取坚决的态度,但不必采取威慑的态度。

采取威慑态度的人,一定会伴随愤怒的情绪大喊大叫。

采取威慑态度的人,不仅把愤怒的矛头指向了对方,还会让周围的人感受到怒气。

坚决的态度

在采取坚决的态度处理问题时，应尽量只对你所警告的人起作用，而不要对周围的人产生任何影响。一位乘客没有买票就坐上了特快列车，还到处乱坐。列车员冷静地处理了这种情况，跟他说："你打扰到了其他乘客，请下车。"当时我正好在场，看到了这一幕。

屏息观看这一幕的乘客们不会觉得列车员的态度有多可怕，而是被他勇敢应对的姿态所震撼。一旁的女大学生们非但没有害怕，甚至欢呼道："好酷！"

如果对方是一个孩子，当孩子不清楚自己的行为意味着什么时，可能连坚决的态度都不需要。不必特别采取与平常不同的态度，只需用言语告诉孩子不要再出现问题行为就可以了。

电车上孩子不能保持安静时，父母只能带着孩子一起下车。到了站台上，则不会造成太大的麻烦。只要在站台上等下一趟电车就好了。这时也无须斥责孩子。因为我们都当过孩子，我想我们应该对孩子在电车上不安分的行为更加宽容才对。作为孩子，只需明白一个道理就可以了：他们没有权利在乘坐电车时大吵大闹。

此外，如果孩子知道他们所做的事打扰到了别人，那么在事情发展到孩子故意做这种事惹恼父母之前，父母还有很多可以做的事情。

第二章
不斥责孩子

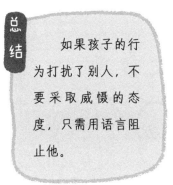

总结 如果孩子的行为打扰了别人,不要采取威慑的态度,只需用语言阻止他。

意识到孩子长大的瞬间（二）

父母的吵架

> 爸爸，你觉得你这么发火，妈妈还会喜欢你吗？

儿子五岁的某一天，我因为一些事情冲妻子吼了两声，这时，儿子说了这么一句话："爸爸，你觉得你这么发火，妈妈还会喜欢你吗？如果不喜欢你了怎么办？"不用说，这次的吵架就到此结束了。父母通过看书好不容易学会的知识，孩子却在父母浑然不觉之间已然轻松学会了。

第三章
不表扬孩子

如果不斥责会怎样

事态保持不变或变得更糟

当父母不再斥责孩子,会发生什么情形呢?大多数孩子会因此充满活力。**因为对孩子来说被斥责是一个很大的负担,所以只要不再受到父母的斥责,心情就会变得愉快。**

父母不仅会斥责孩子刚出现的行为,还会提及他们以前做过的事情,批评他们。即使不斥责,也会说一些带有批评意味的话。比如,当孩子说想要养一只狗或猫时,父母便会翻出旧账,说孩子做事总是不能持之以恒之类的话。

第三章
不表扬孩子

虽然父母也清楚孩子并不完全这样,但出于让孩子断了养动物的念头,他们会这么说。

如果连上述这类斥责父母也能戒掉,那么孩子很快就会精神百倍。不过,父母不再斥责,孩子也有可能会感到迷茫,因为以前只要"找骂"就能获得父母的关注,可现在怎么连责骂这种关注都没有了。在这种情况下,事态可能保持不变,或变得比以前更糟糕了。

对于那些虽然不愿意被斥责,但深信只有通过被斥责才能得到父母关注的孩子,父母一定不能再像以前那样用斥责的方式对待他们了。

"不关注"的关注

不斥责孩子,对父母而言也不是件容易的事。就算理智上父母明白不斥责能改善亲子关系,但一旦眼前的孩子做了惹怒父母的事情，父母就很难保持冷静了，不禁大声训斥孩子。

然而，正如前文所述，这样的斥责没有任何意义。不用说斥责，哪怕只是轻轻将目光转向孩子，孩子都会认为自己的行为得到了关注，因此不会停止问题行为。

父母明白这一点后，可能会下定决心尽量不斥责也不关注孩子。**但是，往往刻意不关注孩子反而变成更加注意孩子的言行了。**肩膀耸起、背部发抖、只要一说话音量就不自觉提高。如果是这样，那与其说是不关注孩子，不如说是无视孩子。不关注孩子，跟无视孩子是两码事。这句话是什么意思？接下来我们将谈谈这个问题。

第三章
不表扬孩子

> **总结**
>
> 对于那些只有通过被斥责才能得到父母关注的孩子,即使父母没有斥责他们,哪怕仅仅将目光转向他们,他们也会认为得到了关注,因此不会停止问题行为。

什么是适当的关注

只要做到不关注

一岁的女儿终于要去幼儿园了,但就在开学前,女儿得了水痘,因此不仅错过了正式入园前的试读,还错过了入园仪式。所以,第一天去陌生的幼儿园时,就必须整天待在那里。

那天,我对幼儿园老师说,晚上七点钟来接孩子回家,然后就准备离开了。结果,老师的脸上露出了为难的表情。于是,我告诉老师:"我一回去,我女儿可能就会哭。但是她不会一直哭下去的。她会在 30 秒内停止哭泣。"

第三章 03
不表扬孩子

当天晚上,我去幼儿园接孩子时,早上那位幼儿园老师从教室走了出来,说道:"您女儿确实没再哭了。不过,和您说的有所不同……我用手表记了一下时间……还不到30秒,20秒的时候就不哭了。"

这不是偶然事件。女儿看不到父母,所以开始哭泣。本以为面前的人肯定会搭理自己的,然而这个人却在看手表……我本以为女儿需要花30秒来明白哭是没有用的,没想到她在20秒内就做到了。女儿停止哭泣后,幼儿园老师将她抱了起来。

面对正在哭泣的孩子,如果能像这位老师那样,不去关注孩子,而是看手表来应对,那么即便孩了哭泣,也不会感到烦躁吧。

不要关注不合理部分

如前文所述,在努力做到不斥责、不关注的过程中,刻意不去斥责这件事本身也会变成一种关注。为了避免这种情况发生，**我们只需关注同一行为的合理部分，而不去关注该行为的不合理部分。**

大家可能觉得这句话的意思不太容易理解，但其实我不是在说什么复杂的事情。

举个例子，比如孩子起晚了，父母不要去关注孩子起床的时间，说"你看看现在几点了"这样的话，应首先关注孩子已经起床了这一结果，就能和孩子进行对话了。如果父母对着孩子说"你活着真是太好了"，小一点的孩子可能会露出诧异的表情，如果是青春期的孩子可能会回答"别开玩笑了"。渐渐地我们会明白，在讨论孩子该做或不该做某事之前，首先认识到孩子活着本身就是件值得庆幸的事。

第三章 不表扬孩子

> **总结**
>
> 想要得到关怀的孩子,即便哭闹,只要大人不给予关注,他就会停止哭泣。
>
> 不要关注孩子做得不合理的部分,关注合理的部分吧。

并非总是惹是生非

并非"总是"

前文提到过,有阵子我儿子在幼儿园突然变得不听老师的话了。我不认为我儿子并非"总是"不听幼儿园老师的话。如果幼儿园老师说的话有意思,那孩子肯定还是会侧耳倾听的。在幼儿园老师跟我说完儿子在幼儿园不听话的那天晚上,儿子让我告诉他我在幼儿园跟老师都说了些什么。我跟儿子一一说明之后,儿子对我说:"那都是因为老师没有好好地看着我呀。"

无论一个孩子看起来多么惹是生非,他也不会一刻不

第三章
不表扬孩子

停地惹麻烦。一个早上晚起的孩子,也不会是每天都晚起。周日的清晨,即使父母不叫孩子起床,他也会早起,去和朋友一起钓鱼。然而,父母认为孩子早起是理所当然的,所以他们没有注意或是特别关注这件事。相反,如果哪天孩子起床晚了,父母一定会注意到孩子晚起这件事,并斥责他们说:"你知道现在几点了吗?"

不要表扬

很多人会问:"当孩子早起时,我是否应该表扬他做得很棒呢?"这也不是正确的做法。

提出这个问题很正常。虽然现在很少有人会公开主张斥责是育儿的最佳方法。

尽管被告诫不能斥责孩子,但实际上仍然有许多父母每天都在斥责他们的孩子。有些人甚至认为如果孩子的态度过于恶劣,有必要使用武力压制他们。在反对体罚的同时，有些人也会以管教的名义对孩子动手，即便到不了大打出手的程度，也认为有必要斥责孩子。我相信只要还有这些人的存在，体罚就不会消失。

就算有些父母没有积极主张斥责，但是只要他们不知道除了斥责以外该如何对待自己的孩子，那么跟孩子的相处还是会陷入僵局。这就是为什么有人说，养育孩子不能斥责而要表扬。但是，"不斥责就表扬"这种简单的二分法，并非合理对待孩子的方法。

就我自身而言，孩子出生以后，我读了很多关于育儿的书，那时就想："我要尽量不斥责孩子，要表扬孩子。"正因为如此，后来我发现表扬也存在以下一些问题时，真的是十分惊讶。

第三章 不表扬孩子

总结

孩子并非总是惹出问题。

没有发生任何问题时,父母不注意他们;问题发生时,父母才会盯着问题看并斥责他们。

表扬没有意义

如果没有人表扬就不会做恰当的行为

在表扬声中长大的孩子,如果没有人表扬就不会做恰当的行为。有些孩子看到走廊里有垃圾时,会先环顾四周。如果有人能看到他们捡垃圾并扔垃圾的举动,他们就会即刻决定将垃圾捡起来。但如果没有人看到,他们就会无视垃圾直接通过。

我希望孩子能够自行判断自己所做的事是否恰当,即使没有人看到他们,即使没有人表扬他们。

第三章
不表扬孩子

就像受过训斥的孩子，会害怕再次受到父母和老师的斥责而不再有问题行为。在表扬声中长大的孩子也会察言观色，如果知道自己会被表扬，就做恰当的行为，但不会根据自己的判断主动采取恰当的行为。

不再挑战课题

很多父母因孩子能学习而高兴，并表扬取得好成绩的孩子。只要孩子能够按照父母的预期取得好成绩，就没有任何问题。然而，无论哪个孩子都不可能一直取得好成绩。我想父母在自己童年时也曾有过这样的经历，有可能从某个时间开始突然无法取得理想中的成绩了。

这样一来，那些一直以来为了获得父母的表扬而学习的孩子，他们以获得父母的表扬为喜悦，一旦没法再获得父母的表扬，就会觉得学习没有意义了，还可能会认为自己成绩不好就会被父母抛弃。

这样一来，孩子面对学习这一课题，很容易要么犹豫不决，要么干脆放弃。

认为结果是最重要的

那些认为只有取得好成绩才能得到父母表扬的孩子，可能会为了成绩而做出不正确的行为。考试作弊就是一个例子。他们试图通过与他人竞争以获得表扬，但也会出现这种情况：就算在竞争中获胜，也没有人表扬他们。

即使不是在学习方面，如果其他兄弟姐妹受到了表扬而自己没有受到表扬，甚至还受到斥责的话，大概也会觉得自己输掉了这场比赛了吧。可以说，不管是兄弟姐妹关系，还是其他普通的人际关系，一旦在竞争中失利，一定会导致心态不平衡。

第三章
不表扬孩子

总结

在表扬声中长大的孩子,如果没有人表扬他们的话,就不能自行判断什么是恰当的行为。

而且,如果没有取得理想中的成绩,就不会再挑战课题。

没有人在看啊……

表扬的含义

表扬意味着肯定

一位母亲因为孩子的事情来找我咨询,通常都是独自前来。但有一天她带着三岁的女儿一起过来了。三岁的女儿坐在母亲旁边的椅子上。咨询时长差不多为一个小时,很多父母都认为孩子很难安静地度过。**其实,孩子长到三岁左右时,已经能完全理解自己的处境,以及在这种处境下他人对自己有何种期待。**因此,正如我所料(虽然令父母感到意外),那个孩子老老实实地等了一个小时。咨询结束以后,家长对孩子说:"你能乖乖等妈妈真是太了不起了。"这显然是在表扬孩子。

第三章
不表扬孩子

还有一次,一位三十多岁看上去很柔弱的男子前来咨询。咨询结束后,我问他今天是怎么过来的,他说是妻子送他过来的,妻子把车停在了楼下的停车场,然后在车里等他。于是,我建议他下回来咨询时带着妻子一起过来。下次咨询时,他的妻子果然来了。我和那个人谈了一个小时,这期间,他的妻子静静地在一旁听着。那么,如果咨询结束之后,丈夫也表扬妻子说:"你乖乖等我这么久啊,真棒。"试问,妻子听到这话会是什么感受?大概会不高兴吧,应该会觉得自己被轻视了。

我之所以这样认为,**是因为表扬是一个自上而下肯定对方的话术,是由有能力的一方发出的。**

表扬建立在纵向关系上

父母表扬在咨询期间安静等待的孩子"你乖乖等我了",那是因为他们本以为孩子无法静静地等待,结果孩子却出乎意料地做到了。父母就是这样表扬孩子的。如果是平等的关系，就不会表扬对方。我们很清楚斥责的含义。**如果关系平等就不会斥责对方，正是因为认为对方在某一方面比自己弱，才能进行斥责。**

表扬的含义也许没有斥责那样清晰，但它其实也是基于纵向关系的。**之所以能进行表扬，正是因为我们认为对方没有能力，自己比对方高人一等。**孩子应该也不希望自己在人际关系中处于下位吧。

第三章 不表扬孩子 03

总结 正因为没有平等对待孩子，居高临下地看待孩子，所以才会斥责和表扬。

父母和孩子是平等的

父母只是先于孩子出生

关于父母和孩子是否平等这一点上,每个人各执己见。关系平等并不是说父母和孩子完全相同。孩子有很多事情无法独立完成,仍需要父母的帮助。父母和孩子承担的责任也有所区别。小学一年级的孩子不可能有晚上十点钟的门禁。因为他们承担不了晚回家的责任。但是,如果规定门禁,对孩子实行门禁却不对父母实行门禁,这件事就会很奇怪吧。如果小孩需要实行门禁,父母也应该有门禁,虽然设置的门禁时间会不同。

第三章
不表扬孩子

因为知识、经验以及承担责任的大小都有所不同,所以父母和孩子是不同的。但是,尽管不同,他们作为人而言是平等的。只不过父母先于孩子出生,一个作为父母,另一个作为孩子,两者相遇罢了。

如果我们知道自己与孩子是平等的,尊重并完全信赖他们,就会明白不必靠力量压制孩子,也不必斥责他们。而且,我们也会明白不用轻视孩子,也不用给他们戴高帽表扬他们。

不是给予肯定而是共享喜悦

这是我儿子四岁时候的事情。有一天,他在搭一个塑料铁路模型,并且完美地组装了结构复杂的轨道。看到这一幕,妈妈对他说:"好棒的轨道。这是你一个人做的吗?你已经学会搭建这么困难的模型了!"

虽然有些孩子听到父母这样说会感到高兴,但我儿子却答道:"虽然大人看来这是件困难的事,但到目前为止,其实都很简单。"

而在这之后,儿子停止了搭铁路模型。父母大概只是单纯地发出了感叹,但孩子可能会感觉自己受到了来自父母视角的肯定——孩子在这个年龄应该无法完成铁路模型的组装,但他却做到了,很了不起。

如果父母本没有这个意图,可能会对孩子的这个反应感到疑惑,不过**父母最好能敏锐地感知孩子是如何理解他们的话的**。在父母不确定孩子的感受时,可以试着直接问孩子:"对于刚才妈妈(爸爸)说的话,你是怎么想的?"

如果是我,面对这种场合,我会在孩子埋头玩耍时做出反应,比如对他说:"看上去玩得很开心嘛",而不是看到他做得很好再做出反应。

第三章 不表扬孩子

总结

虽然父母和孩子有所不同,但作为人而言是平等的。

如果相信孩子,并尊重孩子,就不必斥责,也无须表扬。

哇,看上去玩得很开心嘛

关于认可欲求

为自己而活

从小一直在父母和老师的表扬声中长大的人,成年以后也是无论做什么事都希望得到认可。

不想被斥责或不想被讨厌都是一种对认可的渴望。诚然,得到表扬和认可的确是件高兴的事,每个人都有这种寻求认可的欲求,但这并不意味着我们总是需要被认可。毋宁说,渴望得到认可会引起很多负面影响。

最大的问题是,孩子即使有自己想做或不想做的事情,因为不想被斥责,想要被表扬,就有可能会优先考虑父母或老师的意愿，而不是自己的意愿。如果孩子十分任性，成天一会儿想做这个，一会儿又想要做那个，作为父母会很困扰。但是，孩子即便有想做的事，如果不会表达自己的欲求，父母也会很困扰。

孩子不表达自己的欲求，其背后隐藏着一个目的：将选择权完全交给父母，之后如果发生什么不如意的事情，都可以把责任推卸给父母。

孩子活在世上并不是为了满足父母的期望，他们不应该为了得到父母的表扬而放弃自己想做的事。我希望孩子无论如何都要为自己而活。

无法期待认可时

很多人说，每个人都有认可欲求。但在日常生活中，**得不到认可的时候也有很多**。对于那些从小接受表扬长大，成年后仍有强烈的认可欲求的人来说，育儿是件痛苦的事。

孩子不是自己一个人就能长大的，如果没有父母的帮助，他们无法生存。然而，就刚出生不久的孩子来说，无论父母把他们照顾得多么好，他们也不会进行表达。即便是稍微大一点的孩子，无论父母多么辛苦地照料他们，等他们长大了，也完全不记得以前的事情。有些父母得知这一事实之后，颇感失望。

即使孩子不会表达感谢，即使孩子会把父母养育他们时的辛劳忘得干干净净，父母也不可能不去照顾孩子。那么，父母该如何摆脱这种无法获得认可的痛苦呢？父母又该如何跟孩子打交道，才能让孩子从问题重重的认可欲求中摆脱出来呢？下一章，我们将学习既不斥责也不表扬的育儿方法。

> **总结**
>
> 从小在表扬声中长大的孩子,因为希望得到表扬,所以会优先考虑父母的意愿,而不是自己的意愿。
>
> 即使自己有想做或不想做的事情,也无法开口表达。

意识到孩子长大的瞬间（三）

不知不觉长成了少女

我的眼睛，红不红？

女儿五岁时，有一天，我骑着自行车送她去上幼儿园的路上，她一直在哭，说"妈妈怎么先出门了"。但是，一到幼儿园门口，女儿突然问我："我的眼睛，红不红呀？"比起今天早上妈妈先出门了这件事，女儿居然更在意幼儿园的老师和朋友们看到自己红彤彤的眼睛会怎么想。我的女儿，真是不知不觉已经长成少女了啊。

第四章

鼓励孩子

什么是鼓励

既不斥责,也不表扬

如果既不斥责也不表扬孩子,那该怎么做呢?我之前曾提到这个问题。在咨询期间,父母应该对在他们旁边静静等待的孩子说些什么?

之前我已经指出,表扬不是恰当的做法。因为在相同情况下,丈夫不会在结束咨询后对同行的妻子说"太厉害了""做得很好"。同理,由于孩子和父母的关系也是平等的,父母也不能够表扬孩子。

那么,究竟该说什么呢?当我再次发问时,很多人的

第四章
鼓励孩子

答案是,回答"谢谢"。虽然同行的妻子不喜欢来自丈夫的表扬,但如果听到感谢的话语会感到开心的。

育儿的过程总是刻不容缓的,所以在这种时候,斟酌语言会导致错过说话的时机。因此,**不要表扬,说句"谢谢"即可——知道与不知道这个方法,差别很大。**

如果不知道感谢和表扬的话语在理论上有何种区别,就不知道在什么场合应该表达感谢,也无法应用得当。

以便应对人生课题

阿德勒心理学提倡:不斥责孩子,也不表扬孩子,应该"鼓励"孩子。鼓励孩子,简而言之,就是指**帮助孩子应对自己的人生课题。**

所谓人生课题,其实就是人际关系。不仅仅对大人,对孩子来说,人际关系也是烦恼的来源。然而,既然任何人都无法独自活在世上，那么就无法避免人际关系。**"鼓励"就是帮助人们想方设法进入人际关系而非逃避人际关系。**

鼓励孩子，就要对他们说"谢谢"，或者"真是帮了大忙"之类的话。不过，如果是希望孩子下回也能表现得当才对孩子说"谢谢""真是帮了大忙"，那就和表扬无异了，而且孩子也会强行要求父母说"谢谢"，父母可能会后悔——哎呀，这种情况下不应该说"谢谢"啊。

第四章
鼓励孩子

总结

阿德勒心理学提倡,不斥责也不表扬孩子,而要"鼓励"孩子。

鼓励是指帮助孩子应对自己的人生课题。

给孩子勇气,就是对他们说"谢谢"。

接受自我、建立关系

自身有价值

我询问前来咨询的人:"你喜欢自己吗?"毫不夸张地说,几乎没有人回答"喜欢"。或许一直以来没有人问过他们这个问题。而且,很多人岂止是不怎么喜欢自己,甚至回答说"非常讨厌自己"。

这些回答讨厌自己的人,也并非一开始就讨厌自己。他们在很大程度上是受到了父母的影响才变得不喜欢自己的。

孩子惹出问题时,父母不仅责备孩子当时的行为,还会说"你为什么总是这样"之类的话，追溯过往，指责孩子的各种行为，或者说一些贬低孩子人格的话。孩子听了父母的这些话之后如果不讨厌自己，那反而是很奇怪的事了。

我为什么要询问"你喜欢自己吗"这个问题，那是因为，即便讨厌自己，也无法将现在的自己换成另一个自己。**无论你多么有个性，今后也必须和自己相处下去，因为不喜欢自己的人就不能获得幸福。**因此，我希望每个人都能喜欢自己。

不过，从小听父母指出自己的缺点和不足长大的孩子，就很难再想到自己的优点了。

人际关系是获得生命的喜悦的源泉

我之所以希望大家能喜欢自己，还有一个理由。我们**只有认为自身有价值，喜欢自己的时候，才能拥有应对"课题"的勇气。**

诚然，孩子与他人交往时无法避免经历伤害或背叛。孩子只要经历过一次可能就会逃避人际交往。阿德勒说："所有的烦恼都来自人际关系。"可能有人会想，与其经历这些痛苦，宁愿独自生活。

但是，如果我们避开人际交往中的伤害、背叛或悲伤，那么我们就无法跟任何人建立起亲密关系。**无法建立亲密关系，就无法获得生命的喜悦。**

第四章 鼓励孩子

总结

希望孩子能喜欢自己。

只有这样,才能获得与人交往的勇气。

逃避人际交往,就无法建立亲密关系,也就无法获得生命的喜悦。

将缺点转换为优点

不是没常性而是有"散漫力"

认可自身价值,首先要学会将我们一直以为的缺点看作优点。换言之,我们视为缺点的部分,其实也可以看作是优点。

比如,我问前来咨询的母亲"您的孩子是个什么样的人",得到的回答往往是"注意力不集中的人"。但实际上不是注意力不集中,而是有散漫力。任何工作都需要散漫力。如果一个人只能在无人且安静的房间工作,也是有问题的。需要和人打交道的工作,如果我们只能应付一个人或是应对一件事是无法取得良好表现的。我们必须拥有同时和几个人谈话、同时处理多件事的能力。

能够一边看电视一边听歌,一边和家人聊天一边在手机上回复消息的孩子,请尊重他们。**他们并非注意力不集中,而是有散漫力——如果能这么想,就会改变对孩子的看法。**

另外,看上去没常性的孩子,从另一个层面讲可以说是有决断力的人。发现正在阅读的书籍不适合自己,就立刻合上书,我们必须拥有这样的勇气。去听讲座,发现不适合自己,也应该马上离开。如果父母能够意识到自己没有这种决断力,而孩子拥有,就会改变对孩子的看法,孩子对自身的看法也会发生改变。

不是阴郁而是善良

很多孩子认为自己性格阴郁。这样的孩子总是对别人如何看待自己的言行十分敏感，这是因为可能别人曾做过令他们感到嫌恶的言行。所以，他们会特别注意自己的言行，生怕伤害到别人。那些在外人看来十分开朗的孩子，的确会因为外向的性格而拥有很多朋友，但另一方面，他们有时候可能意识不到自己的言行会给周围的人带来怎样的影响。

当然，并非所有人都这样，但的确有不少人为了不伤害他人而始终谨言慎行，从而在内心认为自己的性格比较"阴郁"。实际上，那并非"阴郁"，而是"善良"。**如果我们能这样想，就会发现自身是有价值的，并能喜欢上自己。**

第四章 鼓励孩子

> **总结**
>
> 　　我们以为的缺点,实际上也可以当作是优点。
>
> 　　如果能改变父母对孩子的看法,那么孩子对自己的看法也会发生改变。
>
> 　　如果能注意到自身的价值,就能喜欢上自己。

能够让孩子获得贡献感的援助

贡献感能让我们喜欢上自己

虽然上文说到,通过重新认识孩子身上已有的性格,能够帮助孩子认识到自身的价值,并喜欢上自己。但是,如果一个孩子需要通过父母指出后才能认识到自己身上的优点,那么这个孩子与受他人意见左右的孩子并无二致。一个在意他人评价的孩子,当被夸奖时会感到高兴,但当被指责时会感到悲伤愤怒。我们自身的价值无须仰仗他人的评价。我们不会因为别人说我们是坏人就真的成为坏人,也不会因为别人说我们是好人就真的成为好人。

第四章
鼓励孩子

虽说我们要**通过将自己的缺点转换为优点从而喜欢上自己，但如果不是靠自己来理解并接受这一点的话，是没有意义的**。有一个积极的方法，能让我们无须依赖他人的评价，也能认识到自身价值并喜欢上自己。

那么，何时才能认识到自己有价值并喜欢上自己呢？比如，一个人一直觉得自己没用，但**某一刻突然认识到自己也能做出贡献**，这时就能认识到自身的价值并喜欢上自己。为了让孩子能有这样的认识，父母就需要对孩子说"谢谢"或者"你真是帮了大忙"这类的话。

咨询期间，不要对等在一旁的孩子说表扬的话，比如"太厉害了""等得好"之类的，而是应该说"谢谢"。这就是为了让孩子获得贡献感。只要不吵不闹、安静等待就能做出贡献——如果孩子能明白这个道理，那么他们下次也能做到安静等待。

拥有应对课题的勇气

当我们知道自己是有用的,就能感到自身有价值,就能喜欢上自己,从而也就能获得应对课题的勇气。

正如前文所述,阿德勒说:"所有的烦恼都来自人际关系。"即使是小孩子也会和朋友发生摩擦,而发生父母不得不斥责孩子的情况,肯定也是因为孩子感受到了这段亲子关系中存在的问题。

虽然大家可能会觉得这是不切实际的空谈,但是,**如果我们对孩子说"谢谢""真是帮了大忙"这样的话,就能让孩子获得贡献感**,他们就不会用逃避人际交往、惹恼父母的方法来寻求认可了。

> **总结**
>
> 孩子意识到自己有用时，就能认识到自身有价值，并喜欢上自己。
>
> 通过对孩子说"谢谢""真是帮了大忙"，能让孩子获得贡献感。

要有基本的信赖感

不仅要关注孩子的行为，还要关注孩子的存在

仅仅在孩子做出恰当行为时感谢他们是不够的。我们还应该关注孩子的存在，关注孩子活着的事实，让孩子知道，即便什么都不做，活着这件事本身已经为父母和周围的人做出了贡献。

很多年前，我儿子还在上小学时，有一天我接到了校长的电话。在儿子就读的小学附近的一所小学里，一个孩子不慎滑倒，掉进了焚烧炉。高年级的孩子还可以从里面爬上来，但由于是一个一年级的小孩子，无法自己爬出来。

第四章
鼓励孩子

后来学校职工没有注意到焚烧炉里还有一个孩子,就点燃了焚烧炉,最终导致了孩子的死亡。校长说:"虽然是隔壁小学发生的事情,按理应该不是我们学校的孩子,但不排除我们学校的孩子跑去了隔壁学校,所以我们需要您确认一下孩子平安与否。"

于是,我给孩子打了电话。这是一通奇怪的电话。我告诉孩子,我是爸爸,并问他今天是否已回家。平时我在电话里不会问这样的事。如果孩子就在身边倒没什么事,但是如果不在身边,就需要跟孩子确认,是否从学校回来了。孩子回答我说:"回来了,但是,为什么这么问啊?"于是,我开始给孩子道明原委:"事情是这样的……"虽然这么说对意外死去的孩子很不好意思,但我相信那一刻很多父母会产生一种想法:即便孩子平时不做作业、不上学、不刷牙,这都不重要了,只要孩子活着,就已经很感恩了。

做加法，不做减法

如果把活着的事实看作是零的状态，那么我们就可以把任何事情都看作是加分项，因此孩子做任何事情，我们都能对他们说感谢的话。**孩子感觉到父母在好好关注他们时，就会停止问题行为。**

我们决不能在头脑中描绘一个理想的孩子，并根据这个理想，对现实里的孩子做减法。相反，**如果我们能将孩子活着这件事看作是零，那么其他任何事情就都可以看作是在此基础之上的加分，我们也就一定能给予孩子充分的关注，就会意识到孩子活着就是在做贡献。**这样，不管是什么样的孩子，就一定能得到父母的认同。

第四章 鼓励孩子

> **总结**
>
> 孩子活着、孩子存在，这件事本身就足以值得庆幸。
>
> 如果能把孩子活着看作是零，那么所有的事就都可以看作是在做加法，我们就能够看见孩子、关注孩子。

平凡的勇气

不必变好也不必变坏

我们不仅需要关注孩子的行为，更要关注孩子的存在，因为有些孩子认为他们必须做一些特别的事情才能得到父母或大人的认可。起初，他们试图表现优秀，以此获取父母的表扬。然而，一旦计划失败，孩子立刻像变了个人似的，转而表现得特别糟糕。

不必变好也不必变坏。阿德勒使用了"平凡的勇气"这一短语。这并不意味着我们应该甘于平凡，而是说**不必变得特别好或特别坏，拿出接受自己的勇气即可**。

这不代表孩子不需要做任何事，但我希望孩子能将其作为出发点，认识到此刻的自己，不需要做任何改变，就已经为父母和家人做出贡献了。为此，孩子能这样想，是需要勇气的。但是，如果孩子对自己没有基本的信心，无法认识到自己就这样保持现状就好，那么他们就会试图变得更好或更坏以证明自己的价值。不管什么事情，一旦孩子觉得必须要证明给谁看才行，就会做过头。

虽然现在可能无法做到这一点，但首先**我们需要接受真实的自己，即"自我接纳"**。自我接纳不等于自我肯定。自我肯定就是试图相信自己会被所有人喜欢。当然，被所有人喜欢是不可能的事。而且，自我肯定的人对于那些明明做不了的事情还自以为能够做到。与之相反，自我接纳是指，接受做不到的自己，并尽可能努力地去把做不到变成做得到。

如何宽容对待孩子

如果父母能够接受孩子的真实面貌,那么即便孩子与自己的理想相去甚远,父母也不会在意了。如果即便孩子不学习、不上学,父母也能够为孩子活着而感到高兴,那么父母对孩子的要求就会降低。

如果父母能做到这一点,就能对孩子做的任何事都说出"谢谢"。儿子上小学时,有一天晚上,突然对我说了声"谢谢",我感到很惊讶。因为那天我并没有为他做任何特别的事。但他想为我对他的陪伴表达"感谢"。

第四章
鼓励孩子

总结

不必变好也不必变坏。

如果父母能接受平凡真实的孩子,那么即便孩子与自己的理想相去甚远,父母也不会在意了。

不管怎么说,只要孩子活着,就感到高兴。

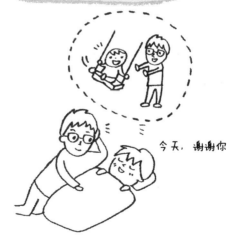

孩子的生活方式

生活方式与"我"

前面我写过这句话:"即便讨厌自己,也无法将现在的自己换成另一个自己。"虽然自己不能被替换,**但是我可以改变看待自己和他人的方式。在阿德勒心理学中,这一点被称为"生活方式"**。这和我们通常所言的"性格"大致相同。但一说到"性格",就会给人一种与生俱来的且难以改变的印象。因此,阿德勒心理学使用"生活方式"一词。

"我"选择"生活方式"。这种选择不是只有一次的。首先,我们大概会在什么时候将自己的生活方式确定下来呢？十岁左右。在此之前，我们应该已经选择过各种生活方式，但在此之后，我们就不太会改变了。原因是，如果我们选择另一种生活方式，就很难预测下一刻会发生什么。因此，尽管不那么称心如意，我们还是会选择目前的生活方式。关于如何看待自己和他人，想法会因人而异，不过阿德勒心理学关于这一点给出了明确的建议。

如何看待自己

如前文所述，人只要不能独自生活，就无法避免人际关系。然而，人际交往不会只给我们带来好处，有时也会带来深深的伤害。

尽管如此，**我仍然希望每个人都能与他人建立关系，即使出现问题，也有解决问题的能力。**如果孩子不能这样想，就会以在人前紧张等理由不和人接触。

如何看待他人

这些不与他人接触的人，会把他人看作可怕的人，觉得一不留神他人就会使自己陷入困境。他们可能真的遭遇过背叛，但他们不是因为有过这样的经历才想放弃与人打交道的，其实是为了避免与人打交道才把他人看成是可怕的人。

然而，这也正如前文所阐述的那样，只有当我们感受到对他人做出了贡献时，才会认识到自身有价值，才会有勇气与他人建立关系。但如果我们把他人看成是可怕的人，就不会想做出贡献。因此，我希望大家能将他人看作是朋友，是如有需要随时可以准备帮助我们的朋友。

> **总结**
>
> 我希望孩子能认识到自己拥有与他人建立关系,并解决问题的能力。
>
> 也希望孩子能把他人视作朋友,是那种如有需要随时可以帮助我们的朋友。

如何改变生活方式

无论何时都能改变

因为生活方式是自己选择的,所以无论何时都能改变。看到有人假装擦肩而过没看见自己似的移开了视线,这种时候如果认为对方是在有意避开自己,那么就会下定决心不再与他发展关系。不发展关系,就不会遭受对方的厌恶。即便想要更加积极地展示自己的魅力,但是没有信心。所以这种时候会感受到自己这种不够积极的生活方式所带来的不称心、不自由。然而即便如此,**我们一想到如果改变目前的生活方式,就根本不知道下一刻会发生什么,因此也不愿去改变它。**

第四章
鼓励孩子

为了改变生活方式,首先,我们必须改变自己一贯不改变生活方式的决心。

其次,需要了解应该选择怎样的生活方式。关于这一点之前我也曾提到过,阿德勒建议我们将他人视作朋友,通过向朋友做出贡献,认识到自己的价值,就能树立起和他人建立关系的信心了。

如前文所述,孩子一般在十岁左右时进行生活方式的选择。幸运的是,孩子一般跟他们的父母不同,因为他们还没有下定决心一定要按这种生活方式生活下去,**所以他们只要有改变的决心,会比父母更容易做到。**

父母如何成为孩子的朋友

父母可以做些什么来帮助孩子改变他们的生活方式呢?答案是,父母要成为孩子的朋友。**即使孩子没有其他朋友,但只要能想到至少父母是自己的朋友,那么他也会改变。**

然而，如果斥责孩子，孩子就不会把父母当作朋友。没有人会和斥责自己的父母建立亲密的关系。

此外，孩子可能会把表扬自己的父母当作朋友，但如果他们总是被表扬，就会产生自己没有能力解决课题的想法。因为表扬是建立在对方做不到这一假设之上的。

父母原本以为孩子根本做不到的事，孩子却出乎意料地做成功了，父母会表扬他们"太棒了"。然而，即便被如此表扬，孩子也不会感到高兴，也不会把表扬自己的父母视为朋友。

> **总结**
>
> 父母要成为孩子的朋友。
>
> 一旦将父母视为朋友，孩子就一定会改变。
>
> 如果父母或斥责或表扬自己，孩子是不会把父母当作自己的朋友的。

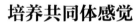

培养共同体感觉

从关心自己转向关心他人

在斥责声中长大的孩子,做事时会一味担心自己是否会被训斥,因此会时常看别人的脸色行事。孩子没法把他人,特别是斥责自己的人当作朋友,也就不会想为他人做出贡献,会变得只考虑自己,以避免受到斥责。

希望得到表扬的孩子,也不关心自己对他人的贡献,只想着得到表扬。换句话说,他们会变得以自我为中心。

对于只关心自己的孩子,父母需要帮助他们学会关心他人。阿德勒认为,**育儿和教育的目标是培养共同体感觉。**

这个词在英语中是"social interest",翻译过来即"共同体感觉",意思就是"对他人的关心"。**培养共同体感觉的基本含义是指,将对自己的关心转变为对他人的关心。**

不要害怕失败

只关心自己的孩子会害怕失败。比起应对课题、解决课题,他们更担心自己无法解决课题时他人的看法,甚至有时会因为担心评价而不再应对课题。因为如果不应对课题,就能给自己留下一种可能性——我只是没做,我如果做了其实就能做好。

此外,**有勇气的孩子,就不会在意他人的看法,也不会通过解决课题来美化自己的形象**。因为他的注意力并不集中在自己身上,而是在别人身上,而且只对完成课题感兴趣。对这种人来说,围绕课题的人际关系无关紧要。

这类孩子一接到课题,就会从能做的开始行动,他们会想"失败了大不了再做一次"。失败后不愿再次尝试的人,是因为他们无法不在意他人对自己的看法。

如果孩子不再害怕他人的评价或失败,就能摆脱和他人的竞争。阿德勒关于共同体的想法——在共同体中得到他人的帮助,自己也对他人做出贡献,是基于合作关系的,而非竞争关系。

总结

有勇气和他人建立关系的孩子,不会在意他人的看法。

孩子一旦接到课题,就只对完成课题感兴趣,而不惧怕失败和他人的评价,就能摆脱与他人的竞争。

作为基本欲求的归属感

不处于共同体的中心

帮助人们、关心他人并不是件容易的事。阿德勒心理学认为，归属感是人类的基本欲求。所谓归属感，指的是"在这里就好"的感受，比如**置身家庭、学校、工作单位等共同体时，认同自己是其中一分子的感受。**

不过，属于某个共同体，指的是置身共同体"中"，而不是置身于共同体的"中心"。孩子如果能认识到自己并非共同体的中心，那么即便他人没有特别关注自己，**也不会抱怨。**

第四章
鼓励孩子

我们能为他人做什么?

有些人认为自己必须处于共同体的中心。他们认为他人是为自己而活的。因此,只要他人没有满足自己的期望,就会感到气愤。

诚然,小孩子在生命最初如果没有父母全方位的援助,甚至片刻都无法生活。因此,在接受父母援助的过程中,他们自然而然地开始将自己视为共同体的中心。只关心自己的孩子,只会考虑他人能为自己做些什么。

不仅是行动方面,只站在自己的角度思考问题的人,也会认为他人一定和自己一样思考和行动。

因此,当有人以不同于自己的思维方式思考时,他们就会排斥这些人,因为他们根本无法理解与自己的想法不同的人。与自己无法理解的人共处变得极度困难。

但是,**关心他人的人,不在意他人会为自己做什么,只**

关心自己能为他人做什么。

因为谁都无法独自生活，所以就需要他人的援助。但我们不能一味接受他人的帮助，需要感知在与他人交往的过程中自己也正为他人做贡献。

因此，如果孩子能够感到自己能为他人做贡献，就会意识到自身有价值，就会有勇气与人建立关系，而非一味地回避。像这样帮助孩子培养勇气的方式，我们称之为"鼓励"。

第四章
鼓励孩子

> **总结**　一旦清楚自己并不处于共同体的中心，就能够考虑自己能为他人做什么，而不是他人能为自己做什么。

意识到孩子长大的瞬间（四）

独立思考

爸爸，你不用担心这种事

儿子还在上小学时，因为放学回家的时间家里没人在，所以上学时都把钥匙挂在脖子上。一天早上，我注意到总是挂在他脖子上的钥匙不见了。我担心如果他忘带钥匙，放学回家进不了家门就麻烦了，于是问他："你好像没带钥匙，不要紧吗？"儿子回答道："爸爸你不用担心这种事啦。"原来他为了防止忘带钥匙，自己在书包里面放了把备用钥匙。

第五章
帮助孩子自立

中性行为

什么是问题行为

目前为止,我虽然使用了问题行为一词,但实际上我在使用这个词时经常踌躇不定,因为问题行为的定义尚未明确。

问题行为是指"对共同体(家庭、职场、学校、地区等)造成实质性影响的行为"。

如果没有造成实质性影响就不能称之为问题行为。所以如果孩子不学习,父母可能会不高兴,也可能因此训斥孩子;但如果孩子不学习这一行为并没有给父母造成实质性的影响，那么，不学习并不能称作问题行为。

如前文所述，有些孩子会把父母的责骂当成一种关注，因此父母不应该关注孩子的问题行为。**父母斥责孩子时，孩子的行为往往并不是问题行为。**换言之，孩子的这类行为与其说不应关注，不如说原本就没有关注的必要。

既不是问题行为也不是恰当行为

那么，是不是所有未对共同体造成实质性影响的行为都是恰当行为呢？并非如此。不学习只会对本人造成困扰，不会对他人造成困扰，所以虽然不学习不是问题行为，但也不能说是恰当行为。

虽说不听课只对本人造成影响，但作为老师不可能对其放任不管。因此，这种既不是问题行为也不是恰当行为的行为，我们统称为"中性行为"。

父母和老师很容易把不学习、忘带东西这些中性行为贴上"问题行为"的标签。当孩子做了打扰他人的行为，比如在电车上大喊大叫，父母不能置之不顾。如果父母意识到孩子的行为是为了引起大人的注意，于是为了不加以关注，就什么都不做，那父母的良知会遭到质疑。但是，**对待中性行为，要尊重本人的意志，父母没有权利擅自干涉，也没有必要进行斥责。**

如何处理中性行为呢？哪些行为是中性行为？为了了解这两点，下面让我们来思考一下课题分离和思考方式。

第五章
帮助孩子自立

> **总结**
>
> 孩子不学习、忘带东西之类的行为只会给本人造成困扰,不会对父母造成困扰,我们将这类行为统称为"中性行为"。
>
> 对待这种行为,父母应该尊重孩子本人的意志,不必斥责他们。

课题分离

究竟是谁的课题？

我们只要考虑某件事的最终后果会降临到谁的头上，或者说，**谁必须承担最终责任，就能明确这件事究竟是谁的课题了。**

比如，学习与否，是谁的课题？如果不学习，后果只会落在孩子身上，而不是父母身上。换句话说，不学习这件事的责任必须由孩子来承担，父母不能代替孩子去承担。

第五章
帮助孩子自立

确保不忘东西也是孩子的课题。学校老师经常要求孩子检查随身物品以免忘带东西。只要父母仔细检查孩子的物品，孩子就不会忘带东西。但要是父母早上太忙，忘了检查，孩子就会忘带东西。孩子从学校回来，会说这样的话。

"都怪妈妈（爸爸）没有提醒我，我才忘带的。"

孩子说这样的话，我想很多家长都有过类似的经历，大家想必会回答孩子说："确保不忘带东西是你自己的课题吧。"即便可能大家未必会使用"课题"这个词。

我们可能会认为，孩子还小，还没能力自己检查是否遗忘东西，**但实际上孩子习得这项能力的时间会比父母预期的要早。**如果父母一直背负着孩子的课题，孩子将永远无法自立。

干涉他人的课题会引起纠纷

包括亲子关系在内的**所有人际关系的纠纷,都是由于擅自干涉别人的课题,或是自己的课程被他人干涉引起的。**父母仿佛理所当然似的会对孩子说:"你给我学习",但其实可以不这么说,因为学习原本是孩子的课题。因此,父母不必对孩子的学习说三道四。

很多父母担心,如果不要求孩子学习,孩子就不会主动学习。不会这样的,孩子终究会靠自己的判断来用心学习的,在这之前,父母唯一能做的就是静观其变。

第五章
帮助孩子自立

总结

学习、不忘带东西等，都是孩子的课题，父母不能承担这个责任。孩子多久才能学会自己做事呢？

应该会比父母预期的要早。因此，在孩子愿意自己做事之前，父母只需静静等待即可。

育儿的目标是让孩子自立

不要插足孩子的课题

我相信,如果强迫孩子学习,孩子是无法体会到学习的乐趣的,即使听了父母的话去努力学习并取得了好成绩,孩子也可能觉得这是输给了父母,很有可能最终会放弃学习。

如果孩子一直被父母要求学习却仍然不学习,那么即使父母接下来继续重复这样的说教,孩子也不会改变主意开始学习。如果是这种情况,**父母可以试着什么都不说,看看会发生什么。**

第五章
帮助孩子自立

一位母亲下定决心,坚决不对孩子的学习说三道四。于是,她与孩子完全失去了交流。我认为这也没事。只要在此基础上,找一些学习以外的话题跟孩子聊聊,增进感情就可以了。

帮助孩子自立是父母的课题

我上小学时,住在校外很远的地方,需要步行三十分钟才能走到学校。所以我一回到家就不会再出门了。有一天,我接到朋友的电话,问我是否愿意去找他玩。

我向母亲询问道:"我能去玩吗?"母亲回答道:"这种事情你自己可以决定呀。"听了母亲的回答,我突然意识到在此之前我把每件事情的决定权都交给了母亲。朋友关系也是孩子自己的课题,父母不能干涉。

那是我第一次知道,是否出去玩是可以由我自己来决定的。

因为朋友关系也是孩子的课题，所以父母不能干涉孩子和谁交往。对于年幼的孩子，也许还可以对他说："和这个小朋友一起玩吧。"但对于小学生，父母不能插足孩子交友的课题。**父母需要时刻考虑这是谁的课题，必须分离父母的课题和孩子的课题。否则，孩子就会慢慢地不去做本应该自己完成的课题了。**

刚出生的孩子任何事情都需要父母帮助，否则就无法生存。但是，随着孩子渐渐长大，他们需要一点点增长本领，逐渐在没有父母的帮助下独自完成越来越多的事，否则会给父母带来麻烦。**育儿的目的是让孩子自立。**然而，有时候会出现孩子不愿自立的情况，当然也会出现父母阻止孩子自立的情况。

第五章
帮助孩子自立

> **总结**
>
> 学习和交友都是孩子的课题，因此父母不能干涉。
>
> 育儿的目的是让孩子自立，让孩子在没有父母的帮助下，可以独自做越来越多的事。

成为共同课题

遵循程序

父母不需要以任何方式干涉孩子的课题,但这并不意味着绝对不能这么做。**只要遵循程序,原本孩子的课题也能成为父母和孩子的"共同课题"。** 不过,并不是所有课题都能成为共同课题。只有当父母或孩子一方要求将某一课题作为共同课题,并且在另一方同意的情况下,它才能成为共同课题。

以下是关于孩子的课题和父母的课题如何成为共同课题的示例。

第五章
帮助孩子自立

"我看你最近的状态,似乎没怎么学习,我们能不能聊一聊这件事情?"

援助,而不是干涉

如果在父母说完这话后,孩子寻求了援助,那么父母可以尽可能地支援孩子。然而,大多数情况下,即使父母说了这话,孩子也只会对父母说:"别管我。"如果是这种情况,那么父母可以说:"情况恐怕并非你想象得那么乐观,但我永远会助你一臂之力,所以在你有需要的时候请告诉我。"

如果父母不清楚这是谁的课题,也不理解亲子之间是平等的关系,那么就会成为一种干涉,而不是援助。父母打着"为了孩子好"的名义干涉孩子的课题,这种情况非常普遍。只有当亲子关系平等且做到了课题分离,父母才能帮得上忙。如果亲子关系变成了上下级关系,或者课题没有分离的话，就会成为一种干涉。

世上不存在缺爱的孩子。从父母一方来看，是爱得过多；从孩子一方来看，是明明被爱着却渴望更多的爱。因此，**比起父母将孩子的课题变成共同课题，更重要的是帮助孩子学会独自解决课题。**

这对父母来说是件困难的事，相较而言，对孩子的课题指手画脚、评头论足更为容易。孩子遇到困难时，父母可以提出援助。但如果双方是朋友的关系，就不会擅自干涉对方的课题。因为朋友关系不同于亲子关系，朋友之间会保持着适度的距离。当然，作为朋友，当对方遇到困难时也不会对他的事漠不关心。父母如果仰仗着对方是孩子，所以就对孩子的课题横加干涉，那么亲子关系一定会恶化。如果是会反抗父母干涉的孩子，可能还好，但有些孩子却是因此完全不想努力，只想将责任都推给父母。

第五章
帮助孩子自立

> **总结**
>
> 尽管是孩子的课题，如果父母伸出援助之手，并且孩子也需要这种援助的话，就能变成共同课题。
>
> 但父母不能擅自干涉孩子的课题。

我们可以聊聊学习的事吗？

协作生活

解开缠绕在一起的线团

一些学会课题分离的父母,已经能将父母的课题和孩子的课题分离,并完全不再干涉孩子。

这就如同缠绕在一起的线,缠在一起往往就会分不清究竟是父母的课题还是孩子的课题。**因此,有必要将两者分开,明确究竟是谁的课题。**

父母嘴上说着"为孩子着想",但实际上是在试图干涉孩子的课题——让孩子学习,甚至干涉孩子的升学和结婚对象。

但事实上,这不是为了孩子,而是为了父母自己的利益。只有当课题分离,父母决定不再干涉孩子的课题时,问题才能得到解决。

帮助他人,也得到帮助

课题分离不是最终目标。**没有人能够独自生活,因为每个人都需要他人的帮助和帮助他人。**

请求他人帮助完成属于自己的课题——即那些自己能够完成的课题,这就是一种依赖的表现。孩子明明自己做得到,父母却硬要介入,这就是放任孩子依赖。对于孩子确实不能独立完成的事,只有在孩子寻求帮助时,父母才可以给予帮助。

如果是孩子的课题,那么父母不需要做任何事情,只需要静观其变。

但话又说回来，如果父母觉得，正因为这是孩子的课题，必须"让"孩子完成，那么这种想法有可能会导致亲子关系变得紧张。既然本来就是孩子的课题，父母为何要"让"孩子做，这听起来就很别扭。

对于普通的人际关系也同样如此。当看到有人站起来有困难时，我们会立刻伸出援助之手。对此，我们不会觉得自己突然伸出的援助之手会损害对方的自尊心。获得帮助的人，也不会说因为握住对方伸出的援助之手就对对方产生依赖。

课题分离不是最终目标，协作生活才是。只有课题分离后才能互相协作，但面对孩子的课题时，很多人却认为可以通过强迫孩子面对自己的课题从而促使孩子走向自立。然而，强迫孩子面对自己的课题并不会使他们自立。因为被父母"强迫自立"的孩子永远不会自立。**父母唯一能做的就是帮助孩子自己变得"自立"**。

第五章
帮助孩子自立

总结

受到他人的帮助,自己也能帮助他人,像这样亲子之间互相协作的生活才是最终目标。

为此,父母和孩子都必须自立,但是父母不能"强迫自立"。

父母唯一能做的,只有帮助孩子变得"自立"。

无论何时我都会帮助你的

意识到孩子长大的瞬间（五）

靠说话解决问题

其实那不是真正的强大

有一天，儿子的朋友来家里玩，他们在一起聊天，谈论一个经常打架的朋友，据说其给周围的朋友、老师还有父母都造成了麻烦。"我觉得他虽然看起来很强，但其实那不是真正的强大。""嗯，我也这么觉得。"听到这里，我不禁想问他们："什么才是真正的强大？""大概是出现问题时，不靠武力，仅用说话就能解决的能力吧。"在我看来，父母可以从孩子关于"真正的强大"的谈话中学到很多东西。

第六章
跟孩子建立良好的关系

让我们尊重孩子

尊重不需要理由

在前几章中,我指出了斥责、表扬这些传统育儿方法的问题所在,并介绍了跟孩子打交道的另一种方法——鼓励,用以取代以往的方法。然而,仅仅消除现有问题还不够。本章,我们将考虑亲子之间应该建立一种怎样的关系才可称为良好的关系。

无论我们的孩子是什么样子的,我们都不可能与孩子断绝关系。我们面前的孩子是独一无二的,无法替换成其他孩子。**接纳孩子原本的样子就是尊重孩子。**

第六章
跟孩子建立良好的关系

在现实中,父母会期待孩子成为他们理想中的样子。

父母总是将理想与现实中的孩子进行对比,并找出差距,由此导致无论孩子表现得多好,父母都不会认可他们的行为。

尊重孩子不需要理由。不管孩子是否存在问题,也不管他们与父母理想中的样子存在多大的差距,孩子活着本身就足以值得感激。之前我已经提过,如果父母能以这种方式看待孩子,孩子就会意识到自己不必做任何特别的事来引起关注,进而他们就会明白:不必变得特别好或特别坏,也不必满足父母的期待。

父母首先要尊重孩子

这种尊重必须首先由父母给予孩子。在这个世界上,有两样东西是无法通过强迫获得的,一个是爱,一个是尊重。

我们不会因为别人说"请爱我",就去爱他。尊重也是如此。因此,父母只能努力成为受子女尊重和爱戴的人。

包括亲子关系在内的所有人际关系都是单向的。如果你尊重我、爱我,我就得尊重你、爱你,那就变成了一种交易。人际关系从来不是交易。

尊重一词的英文是"respect",**这个单词的原意是"回顾",即回想起平时忘记的事物。**父母忘记了这两件事——"这个孩子对我来说是无法替代的珍宝""这个孩子虽然现在和我一起生活,但终有一天我们会分开"。因此,父母需要每天提醒自己,"在分开之前,要珍惜与孩子在一起的每一天,与孩子和睦相处,并发自内心地尊重孩子"。**孩子自立之日便是与孩子分开之时。**

总结

首先,父母要接纳孩子原本的样子,并认识到,孩子活着本身就值得感激,从而发自内心地尊重孩子。

让我们信赖孩子

信赖和信用之间的区别

如果说信用是在有信任依据的条件下才去相信的话,那么信赖则是无条件的,即没有信任依据时也选择去相信。

当孩子说明天开始学习时,让我们相信他们,不要怀疑。我们不能说"这话我已经听腻了"。当然,可能孩子出尔反尔过很多次,父母很难再相信孩子的话。

如果一切都已经明白清楚了,也就没必要去相信了。

所谓信赖,是指对眼下正在发生的事、将要发生的事、不确定的事，主观坚定地相信。需要客观知识背书或有凭有据才相信，称不上是信赖。

没有看到原本的样子

我们可能无法相信未来，因为未来不可预见。但这并不意味着我们可以完全相信眼下的事实，没有任何怀疑的余地。

实际上，**父母并没有看到孩子"本来的面貌"**。如果是平日里一直学习的孩子某天没有学习，父母会觉得"今天虽然没有学习，但偶尔也需要休息一下"，今天是个例外。他们不会认为这个孩子今后也不再学习了。

但如果同样的事发生在一个平日里就不好好学习的孩子身上，父母会认为这种情况会继续持续下去。即使孩子只是那天没有学习，父母也可能做出这个孩子将来也会一直不学习的判断。这时，就算孩子说明天会学习，父母也不会相信孩子的话。

父母不看"事实",而会对"事实""赋予意义"。一旦父母认为"这个孩子的话不可信",就会从这个判断出发观察孩子的行为。所以无论孩子做什么,父母都不会相信他们。

这样一来,父母不仅会因为孩子所说的话是未来的事而不信任孩子,而且**也会因为他们对现有事实赋予了别样的意义而不信任孩子。**

第六章 跟孩子建立良好的关系

总结

父母没有看到孩子"本来的面貌"。

只是依据孩子之前的行为,对眼下的事实赋予意义。

不要只在有依据时相信孩子,应该无条件相信他们。

我就知道…

明天我会学习的

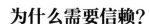

为什么需要信赖?

为了获得贡献感

为什么要建立信赖关系呢?**不信任父母的孩子,对整个世界都缺乏信赖感。**他们认为世界是危险的,周围都是试图趁机陷害自己的敌人。

这些孩子害怕和人接触,也不想主动交朋友。因为他们担心与人交往就会被讨厌或遭到背叛,想到的都是一些不愉快的事。

然而,这些视他人为敌、不愿与人交往的孩子将没有机会为他人做一些有益的事,因此无法获得贡献感。正如

第六章
跟孩子建立良好的关系

前文所述,只有当我们觉得自己是有用的而非无用的时,才会认识到自身有价值,并能喜欢上自己。一个不和他人接触、不帮助他人的孩子,不可能喜欢自己。

父母成为孩子的朋友

对于把别人都当成敌人、不与人往来的孩子,父母一定要让他们知道,至少还有父母信赖他们,想要成为他们的朋友。孩子在这个世界上哪怕只有一个可以信赖的朋友,也是好的,有和没有,差别很大。

但是,一旦孩子失去对他人或世界的信赖,就算父母一反常态决定全方位信赖孩子,孩子可能也不会轻易相信父母。

不过,不管孩子再怎么不动如山,只要父母持续单纯地信赖孩子,孩子总有一天会如父母所愿——开始改变。

我在大学学习哲学时，父亲非常反对。父亲希望我走普通人走的路，希望我的人生取得成功。他大概是认为学习哲学是件荒谬的事情。

但是，父亲并没有直接对我说什么，而是让母亲表示反对。那时，母亲是这么对父亲说的：

"孩子所做的一切都是正确的。所以我们什么也不要说，就在一旁静静守候他吧。"**选择无条件相信我的母亲，对我来说是一位让我内心感到踏实的伙伴。**当我为人父母后，我时常想起母亲对我的那份信赖。

第六章
跟孩子建立良好的关系 06

总结

希望无条件地信赖孩子。

无论何时都能信赖孩子的父母，会成为让孩子内心踏实的伙伴。

我们信赖什么

相信孩子能够完成课题

那么,父母如何与孩子建立信赖关系呢?当孩子说明天开始学习时,大人不会相信孩子的话。因为这话曾听孩子说过很多次,而每次都以失望而告终。因此,这些父母认为,除非他们命令孩子学习,否则孩子绝不会学习。但是,我希望**父母能够相信孩子,即便自己什么都不说,孩子也会学习的。**

如果每天早晨父母都要叫醒孩子,那是因为父母认为自己不叫醒孩子,孩子绝不会自己起床,也就是不相信孩子能自己起床。事实上，如果孩子和朋友约定周日早上一起去钓鱼，那么不需要父母叫他起床，他也会自己起来的。

孩子有时候可能也没有足够的自信相信自己能够独立完成任务。有时候也有可能是在大人看来，觉得孩子无法独自完成课题。这种时候，父母如果随意干涉孩子的课题，会让孩子产生一种父母认为他们什么都做不了的感觉，于是会丧失信心。**如果能感受到来自父母的信赖，孩子就能获得解决课题的勇气。**如果父母仍想以某种方式帮助孩子，可以对他们说："如果有什么需要帮忙的，就告诉我哦。"但是，如果孩子没有寻求帮助，父母就不必做任何事。当孩子没有请求将单独的课题变为共同课题时，父母只能通过信赖孩子且不干涉孩子课题的方式，帮助孩子自立。

相信孩子能够渡过难关

孩子灰心丧气时，父母很想帮助他们，会不停询问他们发生了什么。然而，不打扰孩子也很重要。因为如果父母对孩子说："你看上去很痛苦"，可能会让孩子觉得自己无法独自渡过难关。

面对这种情况，虽然父母也可以询问孩子"有什么需要帮助的吗"，但如果孩子不寻求帮助，父母最好什么也别做。你可以倾听孩子的困扰，但除此之外，大概没有其他父母要做的事了。**希望父母能够拥有守候孩子的勇气，相信孩子可以在没有父母帮助的情况下渡过难关。**

第六章
跟孩子建立良好的关系

> **总结**
>
> 父母信赖孩子,会让孩子获得解决课题的勇气。
>
> 希望父母能够相信孩子,拥有守候孩子的勇气。

相信孩子的动机是好的

看到孩子好的动机

如前文所述,当孩子发觉自己对他人有帮助时,会喜欢上自己。但将他人视作敌人的孩子不会愿意为他人做出贡献。

所以,要想方设法让孩子能够将他人看作是必要时可以为其提供帮助的朋友。但是如果父母看到孩子的行为不如己意,就情绪失控地斥责孩子,孩子大概也不会把斥责自己的父母当作朋友。

因此,即便在父母看来孩子的行为似乎是出于恶意,

第六章
跟孩子建立良好的关系

父母也不应立即斥责孩子。**只要能从孩子的言行中找到一些好的动机,就没必要斥责孩子了。**

只是无法正确表达好的动机

儿子四岁时,女儿出生了。有天半夜,儿子和他母亲一起下楼上厕所。突然间,发现母亲不在的女儿开始大声哭闹。不久,儿子一边发出巨大的声音一边上楼来。当时,已经是晚上十点多了,我的父亲正在楼梯正下方的一楼房间睡觉。当我正准备提醒儿子不要发出那么大的声音上楼时,儿子打断了我的话,并说道:

"我上楼发出很大的声音是为了让妹妹以为是妈妈上楼来了,这样她就会停止哭泣。"

如果没有听孩子的解释就直接斥责他,父母和孩子的关系就很难得到改善。无论在什么情况下,**父母都应该理解孩子做出这样的行为,其背后一定是有理由的。因此,请父母**

保持冷静并发觉他们好的动机。虽然要做到这点有点难度,但只要冷静下来,好好找出孩子真正的动机,对孩子的看法就会不一样,亲子关系一定会好转。只要了解了孩子的动机,就能教孩子用适当的方法表达,就能和孩子一起思考怎么做父母才不会生气,又可以实现孩子的目的。

当我们说好的动机时,这里的"好"可能不等同于父母认为的"好"。教育、育儿的目的是帮助孩子自立。信赖是帮助孩子自立的必要手段。明确分离课题,只要是孩子可以自己独立完成的事情,就不要干涉,要相信孩子能够自己完成课题。

第六章
跟孩子建立良好的关系

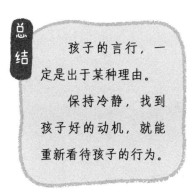

总结

孩子的言行，一定是出于某种理由。

保持冷静，找到孩子好的动机，就能重新看待孩子的行为。

与孩子协同工作

有疑问时询问孩子

我接送孩子上幼儿园那会,有一天,有人向我咨询,说她家孩子总是磨磨蹭蹭的,不愿意去幼儿园,但自己还要去上班,为此感到很烦恼。于是我建议她:"你为什么不试着和孩子谈论一下这个问题?"她感到很惊讶,说道:"这种事情也可以谈论吗?"我告诉她,**这种事情应该先去询问孩子。**

第二天我见到她时,问她结果如何。她说:"我按你说的去询问了孩子,'早上要是上学迟到就麻烦了,应该怎么办才好呢？'没想到孩子说：'很简单呀。早上早点起床就可以了。'我心想，问题就是你起不来啊！于是进一步追问孩子，'那为了早点起床你应该怎么做呢？'孩子说：'早点睡觉！'那天，一向不肯早睡觉的孩子，晚上八点钟一到就立马睡觉了，第二天一早居然六点钟就起床了，还主动跟我说：'妈妈，我们快点去幼儿园吧！'"

孩子会在父母最烦躁的时候做最令父母头疼的事情。这是因为他们想以此引起父母的注意。他们很清楚，对于要去上班的父母来说，早上磨磨蹭蹭的孩子，最让他们头疼。

如果一个孩子总做一些令父母烦躁的事情以此引起父母的关注，那一定是因为平时父母没有对孩子恰当的行为给予足够的关注。不过，**父母感到头疼时，可以和孩子谈一谈，寻求合作**。父母与子女间的合作关系是良好亲子关系的标志。

父母是最了解孩子的人

在接受这位妈妈的咨询时,我本可以解释一下当前的状况,并给出建议,但我什么都没说,因为我想让父母和孩子自己找到问题的突破口。

之所以这样做,还有一个原因是,那就是,我认为平日里与孩子密切接触的母亲应该比我更了解她的孩子。当然,即便是父母,也不可能了解孩子所有的事情。

我不是说父母不应该有不了解孩子的事情,而是说,那些自己不了解的事情,**父母不妨坦然询问孩子。可以说,有不了解的事情父母能够直接询问孩子的亲子关系才是好的亲子关系。**

第六章
跟孩子建立良好的关系

> **总结**
>
> 对孩子的行为感到头疼时，应该找孩子谈一谈，寻求合作。
>
> 遇到头疼的事情和不了解的事情能够向孩子询问，这样的关系，才是好的亲子关系。

那你觉得该怎么办呢？

我不想去

父母和孩子目标一致

一定要和孩子商量

若想建立良好的亲子关系,到底该怎么做?有一件事绝对是必要的,那就是父母要和孩子的目标一致。在亲子关系中,父母的目标和孩子的目标,究竟优先考虑谁的,这是不言自明的。比如,关于孩子未来去哪所学校,即便父母和孩子目标不一致,**也只能服从孩子的目标,因为那毕竟是孩子的人生**。当然,父母可以表达自己的想法,但接受与否得由孩子来决定。虽然可能有些父母会以孩子还小为理由替孩子决定未来,但是我不觉得父母可以为孩子的人生负责任。

第六章
跟孩子建立良好的关系

人生中并非只有升学之类的重大决定，哪怕是接下来要做什么、要去哪里等，在这些事情上，有无数大小事都需要父母与孩子共同决定。可能有人会觉得——询问孩子的想法太花费时间了。但是，如果父母不和孩子商量，孩子将永远都不能自主决定任何事情，当事情进展不顺时，就会以反正父母没有和自己商量为理由，将责任转嫁给父母。

以后还可以更改

目标并非设定好了就不能更改了。**必要时也可以改变目标。**无论什么事情，无论是谁，也不可能从一开始就能预见一切。

如果发生了意想不到的事情，那也不必执着于最初定下的目标。**在陷入僵局时，只需重新考虑最初的决定，并进行适当调整即可。**似乎很多人认为，一旦做出决定就必须坚持到底，但有时当机立断改弦更张更为重要。

虽然现在还构不成问题，但总有一天孩子会长大，肯定会想和喜欢的人交往以及结婚吧。届时，父母不能反对孩子的决定。因为和谁交往、和谁结婚是孩子的课题，也是孩子的人生，父母应该优先考虑孩子的人生目标。

但是，我们要警惕以下情况的发生。如果后来孩子发现自己选错了结婚对象，但是由于是不顾父母的反对才走到一起的，于是觉得如果改变主意就是在向父母认输，所以有可能会硬着头皮继续维持着错误的婚姻。如果发生这种情况，对孩子来说是很不幸的。

第六章
跟孩子建立良好的关系

> **总结**
>
> 决定接下来要做什么时,父母和孩子的目标必须一致。
>
> 目标不一致时,要将孩子的目标摆在第一位。
>
> 另外,做出决定之后,如果遇到阻碍,随时更改即可。

今后的育儿方式

鼓励的问题

如前文所述,鼓励指的是帮助孩子树立自信,让他们相信自己具备解决人生课题的能力,并帮助孩子建立"他人即伙伴"的意识。**父母帮助孩子依靠自己的判断应对自己人生的课题**,但不能越俎代庖接管孩子的课题,也不能引导孩子走向他们不愿走的道路。虽然在本书中,我使用了"鼓励"一词,但父母对孩子的作用仅限于帮助,绝不能是操纵或控制。

为了帮助孩子实现真正意义上的自立,最初可能需要

第六章
跟孩子建立良好的关系

父母的耐心。的确，在孩子出现问题时，大声呵斥可以立马阻止孩子的问题行为，这样做最轻松，给孩子鼓励反而非常费工夫。

不过，如果父母能实践本书所建议的育儿方法，就不再需要斥责孩子；从孩子的角度来看，就不需要再做那些挨骂的事了。一旦孩子开始在父母面前做一些让父母觉得非斥责不可的事情，那就为时已晚了。

要想让孩子在平时就能感受到来自父母的关注，**父母就必须注意到孩子的贡献，尽管这些贡献很容易被忽视**。而且，还要对孩子说"谢谢你""你帮了我大忙"之类的话。如果能这样做，亲子关系将发生惊人的变化。

平等的含义

让孩子按照父母的想法行事，按照父母的期待长大成人——为了不把这些作为育儿的目标，父母必须将大人与孩子看作是平等的，虽然他们并不相同。可以说，只要能理解这一点，那么育儿的技巧就能自然而然习得。反之，如果像背诵应用题的答案一样学习育儿的技巧，但未能理解平等的含义，那么育儿技巧反而有害。

从一开始思考如何鼓励孩子时，父母就必须一改往常，考虑对孩子说的话是否合适。这样做或许有人会感到受拘束。但是，如果措辞不谨慎，可能会伤害、挫败或激怒孩子。

在这样不断摸索，和孩子交流的过程中，某天，我突然意识到了一件事。**哪里是我在鼓励孩子啊，而是孩子在鼓励我。**

第六章
跟孩子建立良好的关系

> **总结**
>
> 鼓励孩子,帮助孩子独立的育儿方式,一开始可能很艰难。
>
> 然而,在每天守候孩子,与他们交流的过程中,有一天我突然意识到,其实是我们在接受孩子的鼓励。

孩子蓬勃的生命力

父母只能是孩子成长路上的支援团

我认为父母无法教育孩子,只能帮助孩子成长。即使父母不能马上以另一种方式育儿,即便父母仍然干涉孩子的课题或斥责他们,也无须太过担心。虽然有人说,"孩子没有父母也能长大",但我觉得应该是,"孩子就算有父母,也能长大"。是的,孩子就是如此强大。

结　语

　　有时我们会想，要是孩子从出生那天起，就能和大人一样，该有多好啊。这是因为父母总是从外表来判断孩子，认为他们是低于大人的存在，尽管事实上孩子懂事的速度远比父母想象的要快。当然，如果给孩子布置超出能力范围的任务，就会挫伤他们的勇气。因此，知道孩子能做什么、不能做什么，这一点很重要。

　　养育孩子并非一种泛泛的概念，我们需要具体地知道此时此地该做什么，该说什么。如果本书能够帮助父母更多地享受与孩子共处的日常生活，我就很开心了。

岸见一郎